KB252029

홍창미의 **스토리 백**

OPEN
10:00
Mon ~ Fri
10:00 ~ 20:
Sat
10:00 ~ 18:00

홍창미의 스토리백

이 야 기 를 담 은 가 방
STORY BAG

에디터
editor

이야기를 담은
가방 만들기

STORY BAG

천으로 만든 가방에는 특유의 매력이 있습니다.
부드러움과 가벼움, 격식을 덜어 낸 자유,
그리고 마치 옷을 입듯이 몸에 지녔을 때 일체감을
느끼게 하는 자연스러움이 바로 그것입니다.
천 가방을 대할 때 우리가 느끼는 안도, 순해지는 마음…
그것은 아마 우리가 어머니의 몸속에서 나왔을 때
처음으로 우리의 몸을 감싸준 천의 안온했던
기억 때문일지도 모르겠습니다.

옷을 만들고 남은 천으로 가방을 만들기 시작하면서
나는 천가방의 소박성과 순박함에 세련미와 품위를 더하고 싶었습니다.
그리고 단지 물건을 담는 기능뿐 아니라
일상적인 Art도 함께 담을 수 있다면 얼마나 즐거울까
하는 생각을 하게 되었고, 이는 자연스럽게
가방에 이야기를 담고 싶다는 마음으로 이어졌습니다.

그 이야기들은,
때로는 내가 지어낸 짧은 꽁트로 바쁜 일상에 짧은 쉼표가 되기도 하고,
영화 〈티파니에서 아침을〉의 한 장면이 되어 새로운 감동에 젖게 하기도 하고,
시대의 아이콘으로 살았던 한 인간에 대한 회고이기도 하며,
박물관에 걸린 명화 속의 주인공을 옆자리로 불러내서
낯모르는 사람과의 소통을 이끌어내게 하기도 합니다.

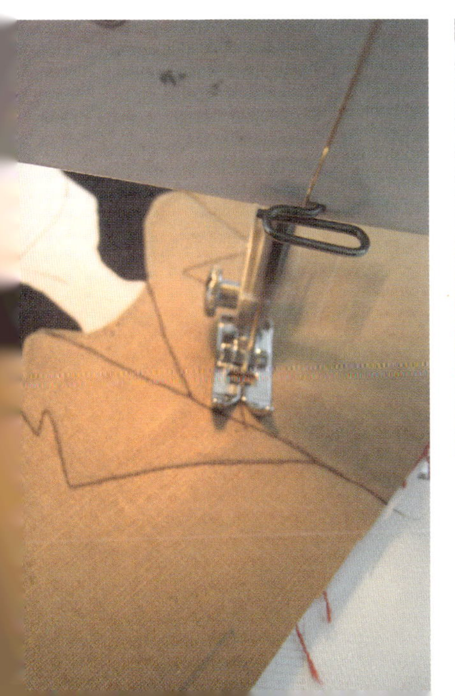

몇 년전에 부산 이듬갤러리의 관장님이 해주신 말씀이 생각납니다.
아프리카 사람들이 요란한 장식품으로 온몸을 꾸미는 것은,
바로 상대방과 대화하고 싶다는 마음의 표현이랍니다.
반대로, 몸에 아무것도 걸치지 않는 것,
집안을 너무 미니멀하게 꾸며서 어디 한군데
맘 편히 앉을 수도 없게 해놓는 것은
대화하기를 거부한다는 의사표시라고 합니다.

이야기를 담고, 이야기를 읽어낼 수 있는 가방.
집안 어딘가에 두었을 때는 액자가 되기도 하고,
나만의 이야기를 담아서 세상에 둘도 없는 의미와 가치를 지닌
애장품이 되기도 하는 가방… story bag.

이야기를 담은 가방 만들기는
나의 표현이며,
세상과의 대화이며,
깜찍하고 순진한 창작에의 한 걸음입니다.

책에 실린 작품들과 더불어,
하나의 가방을 구상하고 완성하기까지의
진솔한 창작 노트 또한
독자 여러분들의 마음까지 온전히 전달되기 바랍니다.
그리하여 그 교감이
여러분만의 스토리를 담은 가방 만들기에
작은 영감을 드릴 수 있기를 바랍니다.

홍 창 미

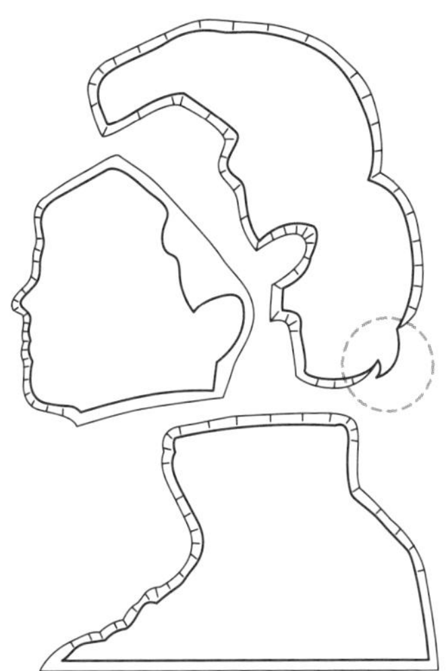 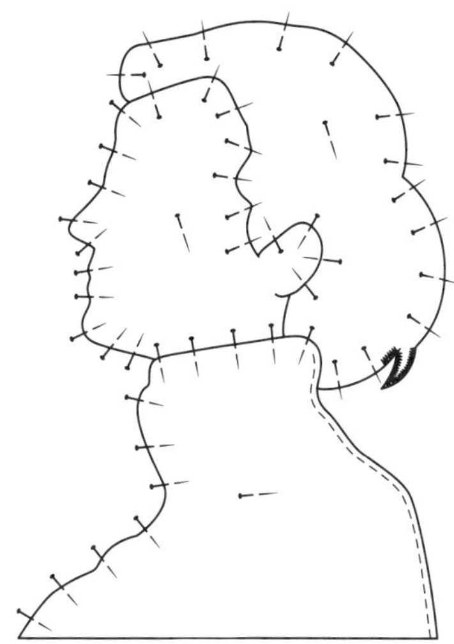

모든 아플리케 도안은 먹지를 이용하여

두꺼운 종이에 옮기고, 두꺼운 종이의 도안은 각 부분별로 오린다(머리, 얼굴, 몸 등).

오려 낸 각 도안을 각 색상의 천에 대고 수성펜으로 베껴서 3~5mm의 시접을 남기고 오린다.

곡선이 완만한 부분의 시접에는 1~2cm 간격, 커브가 심한 시접에는 더 좁은 간격으로 가윗밥을 넣어주고,

섬세한 선을 살리기 위해서는 완성선에 최대한 가깝게 가윗밥을 넣어주어야 한다.

아플리케를 박을 때 또한 시접처리를 정확하게 완성선에 맞추어야 완벽한 묘사가 가능하다.

또한 머리카락 끝 등의 가늘고 뾰족한 부분에는 시접을 두지 않고 완성선대로 오려

재봉틀의 단춧구멍 스티치 1로 박는 방법을 병용한다.

스토리 백의 아플리케에는 특별한 양식이나 공식이 없으며,

정해진 원단도 없다. 도안의 특징을 잘 살릴 수만 있다면,

모직, 실크, 면, 마, 나일론, 니트… 무엇이든 가능하다.

각각의 아플리케를 도안에 맞춰 놓아 보았을 때,

어느 천이 아래에 놓이고 어느 천이 위에 놓이는지,

마치 종이인형에게 옷 입히기 놀이를 하는 것처럼 자연스레 순서를 알 수 있게 된다.

따라서 아래에 놓이는 아플리케의 시접에는 가위집을 넣을 필요가 없다.

또한 아플리케를 하나씩 박기보다는, 전체를 핀으로 고정시켜 완성된 그림을 만든 후에

원본과 균형이 맞는지 확인하고 한 조각씩 재봉틀로 박아가는 것이 바람직하다.

Contents

레몬 '툭'

10

▶ How to make 64

레오파드

12

▶ How to make 68

블랙 레이스

14

▶ How to make 74

책가방

16

▶ How to make 78

셰프를 위하여

18

▶ How to make 82

우드 핸들

20

▶ How to make 86

부츠 백

22

▶ How to make 90

리버시블 토트

24

▶ How to make 94

티아라

26

▶ How to make 98

블루 로즈

28

▶ How to make 102

러브 체인

30

▶ How to make 106

세트 메뉴

32

▶ How to make 110

포도 모티브
34
▶ How to make 114

어린 왕자 가방
36
▶ How to make 118

바스켓 백
38
▶ How to make 122

남자를 위한 가방
40
▶ How to make 126

여정
42
▶ How to make 134

여행 가방
44
▶ How to make 138

수묵화
46
▶ How to make 144

이화에 월백하고
48
▶ How to make 148

체리
50
▶ How to make 150

포도
52
▶ How to make 154

수박
54
▶ How to make 158

석류
56
▶ How to make 162

빵
58
▶ How to make 164

모노톤 패치
60
▶ How to make 168

레몬 '툭'

CREATOR'S NOTE

바구니가 넘치게 레몬이 담겨 있다.

방금 나무에서 수확한 것일 수도 있고,

시장에서 파는 것을 욕심껏 사서 담아놓은 것일지도 모른다.

가방을 보면서 어떤 사람은 레몬 케이크를 만들고 싶어지고,

어떤 사람은 레모네이드를 만드는 상상을 하게 된다.

순간, '툭' 하고 굴러 떨어지는 한 개의 레몬……
시각과 후각과 청각이 살아 일어나는 가방이다.
특수 안경을 쓰고 보는 3D 화면이 아니더라도,
우리는 마음의 눈으로도 얼마든지 3D를 경험할 수 있다.

하나의 가방으로 경계없는 감상이 이루어지고,
감각을 일깨우는 마음,
그것이 바로 팝아트의 정신일 것이다.
진짜 레몬색 리넨을 찾아서 온 시장 안을 헤맸던 기억이 새롭다.
레몬의 부피감을 표현하기 위해서 안에는 얇은 솜을 한 겹 넣었고,
뒷면은 앞면과 달리 레몬 무더기에서
한 개가 굴러 떨어져서 생긴 빈자리를 표현했다.
작은 변화가 작품을 더욱 즐겁게 만든다고 생각한다.

바구니로 쓰인 원단은 황마, 혹은 주트마라고 불린다.
넙적하게 짜인 마 끈과 매치해서
내추럴하고 경쾌한 가방이 되었다.

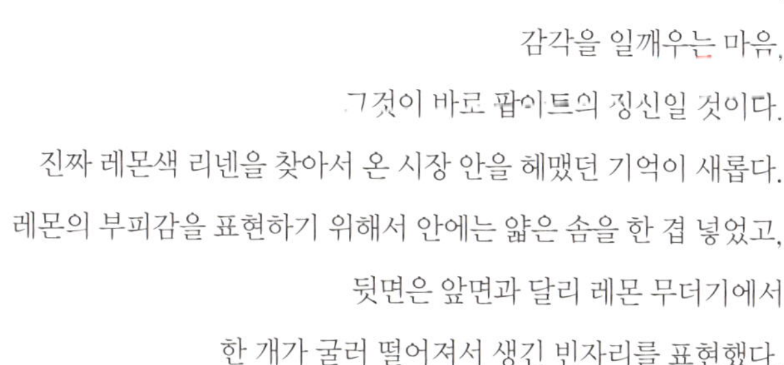

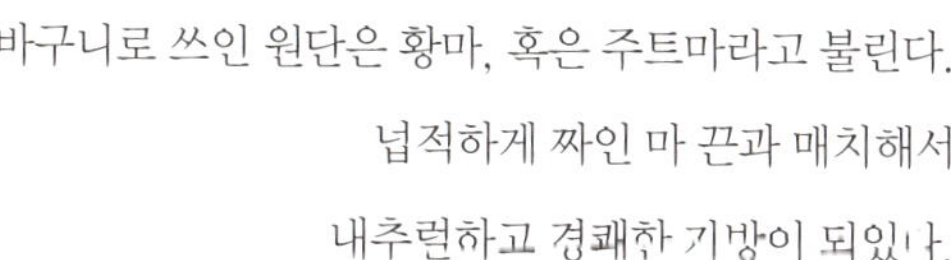

How to make ▶ 64p

레오파드

CREATOR'S NOTE

올해는 레오파드 무늬가 대유행이다.
별 계획 없이 산 스웨이드 감촉의 레오파드
프린트 원단으로 간단한 토트백이나 만들 생각이었는데,
만드는 도중 이런저런 생각이 덧붙여지고
그래서 결국에는 소심한 표범 얼굴의 가방이 되었다.

젊은 나이는 아니지만,
내게는 아직도 호기심이 많은 것 같다.
지금도 어디를 가든지 그곳에서 새로운 것을 찾으려
늘 두리번거린다.

여기엔 뭐가 있나
어떤 새로운 것이 있나
어떤 재미난 것이 있나…
항상 마음이 설렌다.

내가 일하는 작업실의 앞동네는 스타일리시한 대학가지만,
뒷동네는 쇠락한 주택가가 어디까지인지 모르게 계속되고 있다.
우체국 가는 길에 동네 여기저기 담 너머를 기웃거리는 마음은
마치 새로운 동네로 이사 온 어린애 같다.

생각 없이 사온 레오파드 천으로
큰 바위 표범 얼굴 가방을 만들어 내는 그런 마음…
그것은
내게는 너무나 소중한 호.기.심.이다.

How to make ▶ 68p

블랙 레이스

아크릴 블랙 레이스와 베이지색 리넨,

그리고 날렵한 식물의 잎사귀를 연상시키는

가는 핸들의 조화가 부드러운 선율의 실내악 연주를 연상시킨다.

레이스… 하면 청순한 느낌이 며 레이스민 찾곤 했있는네,

어느 날인가 문득, 화려한 블랙 아크릴 레이스의 매력에

눈길이 머물렀다.

평소에 관심 없는 소재라도

좀 더 생각하고 약간의 터치를 가함으로 해서

그 소재의 숨은 매력을 발견할 수 있다.

윗부분을 가위 가는 대로 자유롭게 잘라서

베이지색 바탕과 블랙 레이스가

좀더 리드미컬한 하모니를 이룰 수 있도록 하였다.

레이스의 가벼움과 납작한 형태가 무척 여성스럽다.

살짝 미소 짓는 듯한 입술라인과 두 개의 주름…

그대로 스커트가 되어도 좋겠다.

How to make ▶ 74p

책가방

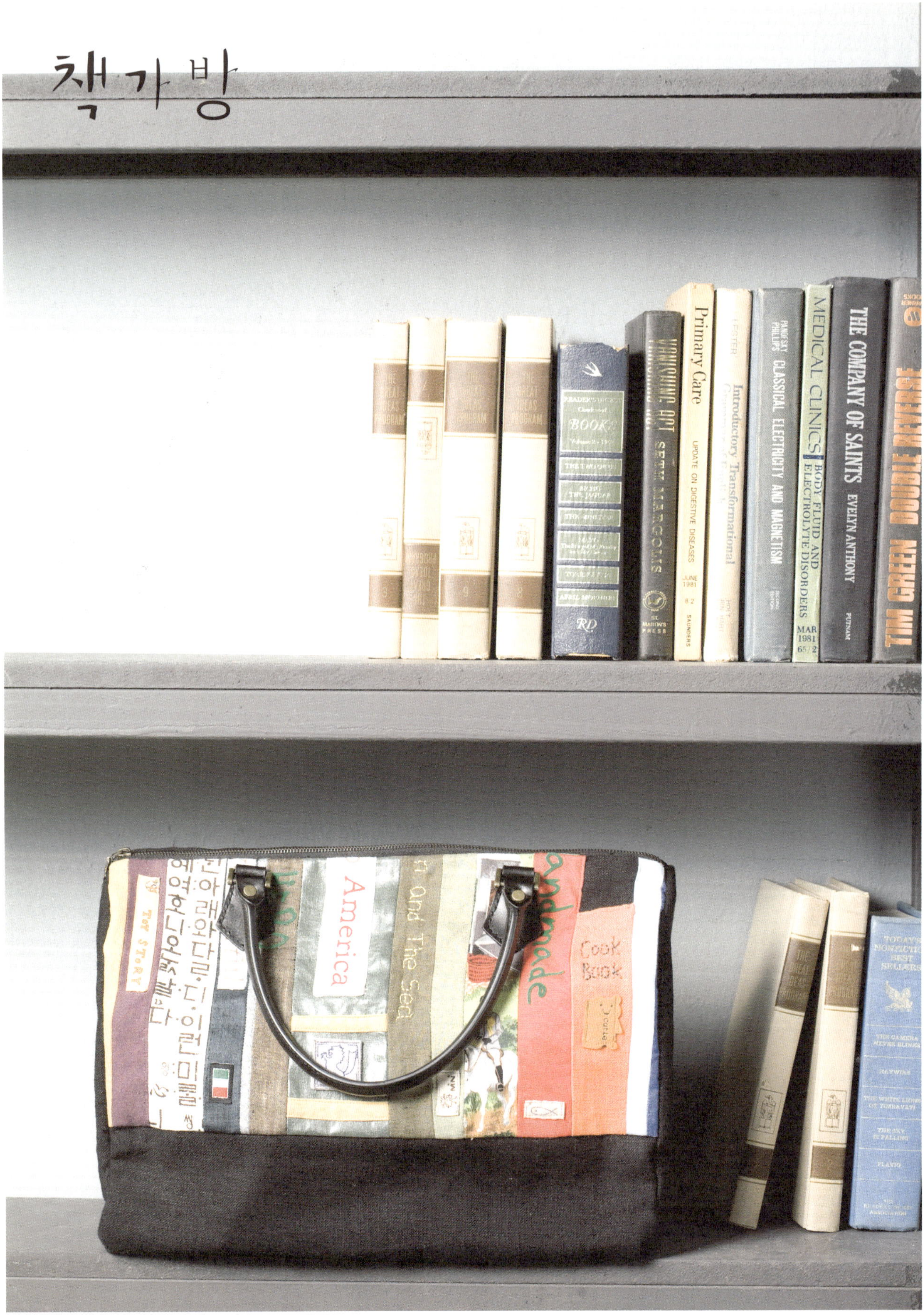
THE GREAT IDEAS PROGRAM
READER'S DIGEST
BOOKS
R.D.
SETH MARGOLIS
ST. MARTIN'S PRESS
Primary Care
UPDATE ON DIGESTIVE DISEASES
JUNE 1981
SAUNDERS
Introductory Transformational
CLASSICAL ELECTRICITY AND MAGNETISM
MEDICAL CLINICS
BODY FLUID AND ELECTROLYTE DISORDERS
MAR 1981
THE COMPANY OF SAINTS
EVELYN ANTHONY
PUTNAM
TIM GREEN
DOUBLE REVERSE
TOY STORY
America
and The Sea
andmade
Cook Book
TODAY'S NONFICTION BEST SELLERS

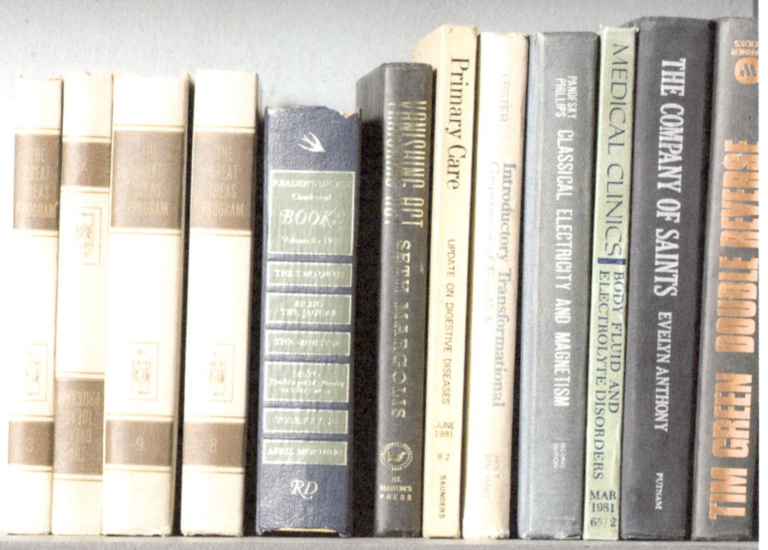

CREATOR'S NOTE

랄프 플랙의 그림을 좋아한다.

그는 모든 무리진 것의 아름다움과 조화를

표현하는 데 매우 탁월하다.

축구경기를 관람하는 관중석이라든가

마라톤 경기를 하는 인파,

하늘에서 내려다보이는 빌딩 숲,

드넓은 백사장의 선배드에 누워 있는 피서객 등을 그린다.

군중 속의 인물들을 하나하나 상세하게 묘사하는 것은 아니지만,

그의 그림 앞에 서면 그들이 모여 있을 때 뿜어내는

기분 좋은 에너지를 그대로 느낄 수가 있다.

그가 그린 그림 중에서 서가를 그린 것 또한 너무도 유명한데,

각양각색의 책들이 꽂혀서 우연히 빚어내는 책등의 하모니는

장엄하기까지 하다.

그런 장엄함은 아니지만, 각양각색의 천들로

우연함의 조합을 이루는 책꽂이의 한 부분을 표현하는 일은

즐거웠다. 게다가 다양한 라벨이나 테이프, 전사지를 이용해서

책등을 표현하는 잔재미 또한 크다.

책이 그려져서 책가방이고

책이 담겨서 책가방이다.

책을 좋아하는 사람들이

정말 좋아하는 가방이다.

How to make ▶ 78p

셰프를
위하여

천을 만지는 일이 좋다.

각기 다른 질감과 두께, 다양한 색감,

헤아릴 수 없이 많은 무늬들의 천들을 만지고 자르다 보면

뜻하지 않은 상상력과 표현력이 샘솟으니 말이다.

쓰고 남은 자투리 천들은 버리자니 아깝고,

쌓아두자니 정리에 골머리를 앓기 마련이지만,

그것들을 활용해서 우연히 떠오른 아이디어에 부합하는

결과물이 나올 때의 재미와 성취감은 정말 크다.

요리에 쓰이는 채소의 자연 그대로의 색감과 모양은

그것이 먹을 거리로 쓰이기 이전에 사들이고, 만들고,

다듬는 과정에서 적잖은 영감을 준다.

천연의, 신이 주신 모양새와 컬러,

그들이 가지고 있는 영양소와 땅과 햇빛의 힘을 받아 이뤄낸

풍요의 은사는 때로는 사람들을 겸허하게 하기도 한다.

요리를 업으로 하는 사람이 들면 좋겠다 싶은 이 가방은,

아직도 주인을 만나지 못했다.

TV 요리 프로그램에서 시원시원하게 맛난 요리법을 가르치던

어떤 셰프에게 선물하고 싶다.

How to make ▶ 82p

우드 핸들

우드 핸들의 가방은 대개 내추럴하거나
앤티크 하면서도 소박한 느낌이다.
하지만, 광택 가공이 된 리넨에 커다란 주얼리를 함께 매치했더니
의외로 화려하고 현대적인 느낌이 난다.
또한 핸들 아랫부분을 반으로 접으면
넉넉한 크기의 클러치 백으로 연출할 수도 있다.

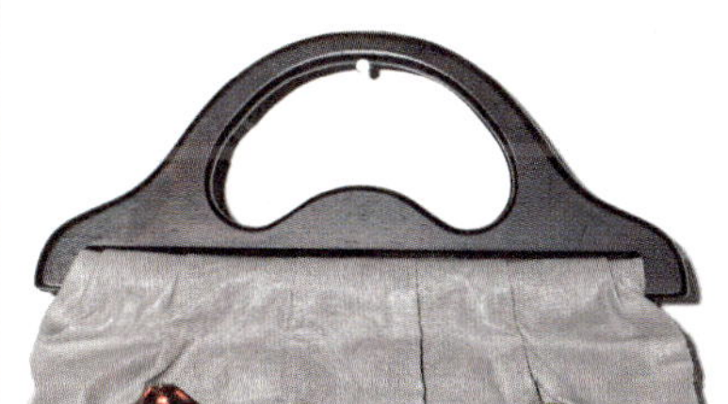

요즘엔 너나 없이 빅백이 유행이지만,
가끔 그 큰 가방 안에 들어가는 내용물들을
찬찬히 들여다보면 무슨 전시 피난용품들도 아니고
굳이 필요도 없는 것들을 다 쓸어 넣고
다니고 있구나 싶을 때가 있다.

그런 날에는 오로지 숙녀를 위한 소지품만을 넣은
가벼운 가방을 들고, 때로는 반으로 접어서 겨드랑이에 끼고,
혹은 손 안에 들고, 시상식 레드카펫을 걸어가는
여배우처럼 가벼운 걸음으로 걸어 보자.

How to make ▶ 86p

부츠백

일상생활에서 쓰이는 생활소품이나

다양한 패션소품들 속에서도

디자인에 관한 영감을 얻을 수 있다.

잘 디자인된 물건들은 그 물건 자체의 성격과

생김새만으로도 사람들의 이목을 끌지만,

비슷한 모양의 물건들을 모아 놓으면

사람들의 시각과 마음을 쉽게 사로잡을 수 있다.

그래서 비슷한 상품을 모아 놓거나 쌓아 놓은 이미지는

사람들의 구매욕을 부추기는 광고가 될 수 있고,

가종 물건이 쌓여 있는 백화섬에 가면 사람들은 기꺼이 지갑을 열게 된다.

때론 맹목적이라 할 만큼 사람들을 옴짝달싹 못하게 하는

물건에 대한 욕망이 '슈홀릭shoeholic' 이라는 신조어를 낳게 했다.

커다란 쇼핑백 같은 프레임 안에 수북한 부츠.

사들여도 사들여도 또 갖고 싶은 욕망의 다른 표현일까?

화려한 앞모습과 달리 뒤쪽은 모노톤으로 심플하게 표현하였다.

그날그날 기분에 따라 변화 있는 연출이 가능한 가방.

How to make ▶ 90p

리버시블 토트

천으로 만든 가방의 매력은
가볍고, 편안하고, 부담스럽지 않고
때로는 스스로 만들어서 들 수 있다는 데 있다.

수백만 원을 호가하는 명품 가방들이
시즌이 멀다 하고 쏟아져 나오고,
진품보다 더 많은 짝퉁가방들이 전 세계적으로
활개를 치는 세태 속에서 천 가방을 만들다 보니,
의외로 너도나도 드는 명품 가방에는
매력을 못 느끼는 사람도 많다는 걸 알았다.

홀연히 세태를 관망하며 때론 무심하게
자신의 스타일을 고수하는 사람들 중에
특히나 천 가방을 사랑하는 사람들이 많다.

명품 가방만 드는 여성은 매력이 없다.
게다가 자신의 능력이나 개성과는 상관없이
오로지 브랜드에 집착하는 여성은 안쓰럽기까지 하다.

명품은 세상에 하나만 있다고 해서 되는 것도 아니고,
비싼 가격이라는 전제 조건이 있어야만 되는 것도 아니다.
명품의 가치를 잘 알지만 결코 그것에 휘둘리지 않고,
자신의 느낌과 스타일을 존중할 줄 아는 사람이 소유하는 것이
바로 명품이 된다.

담담한 카멜색과 화사한 꽃무늬 양면으로 사용할 수 있는 가방.
기벼운 외출이나 세컨드 백으로 적합하다.

How to make ▶ 94p

티 아 라

원래 반짝이는 것을 좋아하지는 않는다.
하지만 가끔은 반짝이는 것들에서 새로운 즐거움을 얻기도 한다.
레이스 디자이너에게서 얻은 작은 비즈들을 사용하여
우연히 해 본 작업에서 뜻하지 않은 결과를 얻은 적이 있는데,
그때 반짝이는 것들이 주는 즐거움에 처음 눈을 떴다.
재료에 대한 편견을 버리면 창작은 더욱 자유롭고 다양하고 흥미로워진다.

티아라는 작은 비즈들을 이용해 표현해 보기에 좋은 두안이다.
티아라를 디자인할 때는 마치 내가 주얼리 니사이너가 된 듯한
마음가짐으로 모눈종이 같은 곳에 균형에 맞게 티아라의 윤곽을 그려놓고,
그 그림 위에 비즈들을 올려놓아 전체적인 느낌과 비즈의 구성을 결정한다.

오래 전에 까르띠에 주얼리 전시회에 갔을 때,
장인들의 디자인 노트와 작업실을 재현해 놓은 것을 보았는데,
실제로 주얼리 장인들이 그런 식으로 디자인하는 것을 확인하고
놀라움과 반가움을 함께 느꼈었다.

체스판 무늬의 자가드 리넨이 깨끗함에 딩징한 티아라가 산뜻하다.
휴일 늦은 아침, 브런치 카페에 들고 가고 싶은 쇼퍼백이다.

How to make ▶ 98p

블루 로즈

동대문 종합시장에 갔을 때, 길거리에 진열되어 있는
장미 모티브를 발견하고 문득 발걸음을 멈추었다.
보슬거리는 재질의 원단으로 만들어진 푸른색 장미 모티브들은
마치 패션의 거장 랑방이나 오스카 드 라 렌타의
꾸뛰르 드레스에 달린 섬세한 장식을 연상케 했다.
동대문 종합시장에 가면 '없는 게 없다'는 말이 생각난다.
필요한 재료를 사러 갔다가 우연히 만나는 다양한 부재료와
부속들 속에서 반짝이는 아이디어를 얻기 좋은 곳이다.
아무렇게나 진열되어 있는 수만, 수십만 가지의 재료들은
그냥 지나쳐 버리면 의미 없는 물건이지만
문득 마주치는 순간에 하나의 의미 있는
디자인을 떠오르게 하기도 한다.

이렇게 극도로 여성스럽고 화려한 가방은
나의 취향이 아니지만, 타인의 다양한 취향에 대한
열린 자세야말로 셀 수 없이 많은 재료와 부재료들을
경계 없이 다루어 보는 것만큼이나 디자이너에게 있어서
중요한 덕목일 것이다.

구름송이 같기도 하고 눈송이 같기도 한 무게감으로
러웨이 위를 둥실 떠다니는 듯한 꾸뛰르 느레스를 떠올리며
A라인 스커트 형태의 가방을 만들었다.
높은 키에 비해 가방입구가 좀 좁은 듯하여 스커트처럼
입구 쪽에 트임을 주었더니 더욱 완성도가 높아졌다,

How to make ▶ 102p

러브 체인

토손 레이스 파는 곳에 가면 넋을 빼앗길 때가 많다.
하얀색이나 아이보리색의 단순한 색감뿐이지만,
다양한 무늬와 짜임의 레이스들이 롤에 말려 있는 것을 보면
마구마구 사들이고 싶기도 하다.

러브 체인

언젠가 사놓은 이 토숀은 러브체인이라는 관엽식물을 연상케 한다.
검정색의 리넨 원피스를 만들면 네크라인을 따라
장식해 보리라 마음먹었었는데, 가방에 적용해 보니 너무도 로맨틱하다.
오래 전에 사놓은 성근 선염리넨에 원형의 대나무 핸들을 조합해서
내추럴한 가방을 만들려고 했는데, 그 상태로는 니무 심심하고 밋밋한 느낌….

가방 옆선을 따라 토숀을 살짝 늘어뜨려 보았더니
무척이나 사랑스럽고 낭만적인 느낌이 난다.
가방 밑으로 몇 센티 늘어지게 한 러브체인…
걸을 때마다 흔들릴 때마다 사랑스러움이
그냥 뚝뚝 흐를 것만 같다.

검정색 선염리넨은 무척 성글게 짜여 있는데
안감으로 검정색을 썼을 때 겉감의 멋이 더 잘 살이닌다.
하지만 안감이 너무 어두우면 사용하는 데 불편하므로
베이지색과 함께 이중 안감을 썼다.
이로 인해 가방의 형태에 힘이 생기는 효과까지!

How to make ▶ 106p

세트 메뉴

컬러에 대한 공부를 하고 싶다면
우선 자연을 스승으로 삼으라고 말하고 싶다.
이른 봄날 피어나는 제비꽃과 민들레의 조화,
계절따라 결실을 맺는 과실들의 속살.
가을날 서쪽 하늘에 번져가는 저녁 노을의 황홀함,
겨울을 재촉하는 비에 젖어 수북이 쌓여 있는 온갖 낙엽의 조합,
세상의 곤충과 동물들이 입고 있는 옷 색깔…
누군가가 인위적으로 꾸미거나 색칠하지 않았지만
고유의 색감으로 이 세상을 아름답게 장식하고 있다.

특히 새들의 깃털을 볼 때면 어쩌면 저렇게 황홀한
색의 조합을 갖게 되었을까 하는 의문을 갖게 된다.
그 중에서도 홍학이나 공작새, 그리고 앵무새의 깃털은
신이 부린 색의 조화 중에서 최고라는 생각을 하게 한다.

아름다운 앵무새 모습을 가방에 아플리케 하려고 했는데,
이왕이면 짧은 이야기를 만들어 담아 보고 싶어서
앵무새 앞에 벌레 먹은 사과를 하나 놓았다.
앵무새와 벌레의 시선이 마주친 짧은 순간…
긴장감에 유머가 교차한다.
가방의 형태는 마치 새초롱을 연상시킨다.
이야기가 있는 가방 story bag의 초기 작품이다.

How to make ▶ 110p

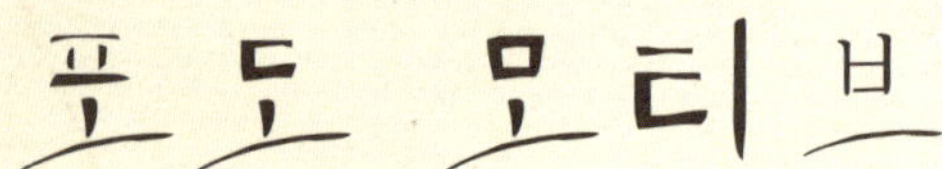

포도 모티브

CREATOR'S NOTE

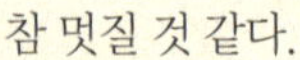

아크릴 레이스 패치를 파는 곳에 가면
또 넋을 놓고 서있게 된다.
여자치고 레이스 싫어하는 사람 별로 없겠지만 말이다.
탐스러운 포도 모양의 이 레이스 패치는
한 쌍으로 파는 것인데,
원형의 검정색 가방에 두 개를 대칭으로 장식했더니
무척이나 청순한 가방이 되었다.
여러 송이를 주렁주렁 모아 붙여도
참 멋질 것 같다.

블로그에 레이스 칼라 패치를 이용해

리넨 블라우스를 만들어 올린 적이 있다.

그것을 보고 스위스에 사는

오랜 이웃님께서 그 레이스를 어디서 구입했냐며

스위스에서는 너무 고가이거나 구하기도 힘들다며 아쉬워하셨다.

스위스라면 레이스의 본고장 아닌가.

레이스의 본고장에 사시는 분이 동대문 시장의 레이스를

아쉬워하시다니 참 아이러니하기도 하다.

항공우편으로 몇 장 보내드렸더니 멋진 블라우스를 만드셨다.

한국의 동대문 시장이 그런 곳이다.

너무도 다양하고, 접근성이 쉽고, 저렴하고,

그 누구라도 전문가의 흉내를 내볼 수 있는 놀라운 재료 창고.

핸드메이더들에게는 축복의 나라가 아닐 수 없다.

How to make ▶ 114p

어린 왕자 가방

CREATOR'S NOTE

두 남매를 키우면서 어린 두 아이에게 예쁜 옷을 사서 입힐 때,

참 즐겁고 행복했다. 지금은 다들 자라서 각자의 개성이 뚜렷해져

자기들이 입고 싶은 옷은 스스로 골라서 사 입고,

어쩌다가 엄마가 사다 주는 옷은 환불이나 교환하러 다니기 바빠

아이들 옷 쇼핑은 거의 하지 않게 되었다.

엄마가 사다 주는 옷을 너무 좋아하면서 입으라면 입고

벗으라면 벗던 천진한 아이들이 그립기도 하지만,

한편 부모로서 한 가지 일을 덜었으니 시원하기도 하다.

아이들이 어릴 때 가장 많이 사 준 옷이 아마 티셔츠일 것이다.

특히나 아동복 티셔츠에는 대부분 전면에 예쁜 그림이 그려져 있어서

아이들의 티셔츠를 사는 마음은 아마 그림책을 사는 마음과도 비슷하지 않았을까 싶다.

그 중에서도 특이하고 덜 낡은 티셔츠는 몇 장 보관하고 있는데,

이 어린왕자가 그려진 옷은 아이들의 자식, 즉 손주에게 물려줄까 하고

남겨 두었던 것이다.

이 티셔츠를 손주가 입도록 물려주는 게 좋을지,

가방을 만드는 게 좋을지 많이 망설이다가 가방을 만들어서

물려주는 것도 좋겠다는 생각이 들었다.

아이들 성장에 따라 길이를 조정할 수 있는 크로스 가방 형태로 만들었고,

노란색 지퍼로 장식성을 가했더니 더욱 발랄한 스타일이 나왔다.

How to make ▶ 118p

바스켓 백

CREATOR'S NOTE

여름날의 멋을 더해 주는 왕골가방.

시원한 밀짚모자나 라피아 소재의 모자와 함께

찌는 듯한 무더위를 한풀 식혀 주는 베스트 아이템이다.

한줄기 바람이 시원하게 통하는 밀짚모자에

왕골이나 라탄으로 만들어진 가방을 팔에 걸고

자수가 수놓인 양산을 받쳐 들고 리넨 스커트 자락을

바람에 나부끼면서 걷는 여인의 모습은

보는 것만으로도 정량감이 느껴진다.

여름이면 쇼핑가에 꼭 등장하는 왕골가방을 사서 들어도 좋겠지만,

손가방으로 들기에 적당한 크기의 바구니를 사서

내 취향에 맞게 데코레이션 하여

나만의 바스켓 백을 만들어 든다면 얼마나 즐거울까.

왕골이 내추럴한 소재인 만큼 장식에 쓰는 재료도

나무나 자개, 시각적으로나 촉각적으로 시원한

느낌을 주는 글라스 비즈 등을 쓰는 게 좋겠다.

면사로 뜨개질한 작은 도일리를 장식해도 재미있다.

How to make ▶ 122p

남자를 위한 가방
emiel
za
남자를 위한 가방

독일의 낭만주의 화가 카스파르 다비드 프리드리히의
〈안개바다 위의 방랑자〉라는 작품을 가방에 옮겨 보았다.
원화는 높은 산의 정상에 올라서서 눈 아래 펼쳐져 있는
안개의 바다와 그 너머에 펼쳐져 있는 대자연을 응시하는
한 남자의 굳건하고 고독한 뒷모습을 장중하게 표현하고 있다.
뒷모습에서조차 표정이나 감정선이 그대로 드러나는 듯한
이 그림은 볼 때마다 한결같은 감동을 느끼게 된다.
뒷모습을 그린 그림 중 최고의 명작이라 해도 과언이 아닐 듯하다.

명화나 영화 속의 이미지들을 가방으로 표현하고자 할 때는
원작의 에센스를 포착하는 것이 중요하다.
아무리 멋진 원작이라 할지라도
내가 만드는 것이 가방이라는 본질을 잊지 말고
가방으로서의 기능에 넘치지 않게 그 에센스를 구성해야 한다.

안개에 휩싸인 대자연이 표현되어야 할 자리는 여백으로 남아 있다.
하지만 그 여백 안에서 우리는 그림 속의 시대가 아닌
이 시대 남자의 아이덴티티를 추론할 수 있고 채워 넣을 수 있다.
이것이 바로 새로운 창작의 맛이다.

How to make ▶ 126p

여정

고풍스런 기차역이나 고색창연한 호텔 앞에
곧 긴 여정을 시작하려는 듯
혹은 방금 긴 여정에서 도착한 듯…
한 무더기 모여 있는 여행 가방들을 보면
설렘이 느껴지기도 하고 왠지 쓸쓸해 보이기도 한다.

How to make ▶ 134p

요즘 새로 출시되는 반짝반짝 단단한 트렁크도 유니크하지만,
무엇보다도 여정의 맛을 제대로 느끼게 해주는 스타일은
바로 그런 것들이 아닐까 한다.
예전에 루이비통 광고 컷에 등장하던 트렁크나
아니면 요즘에 주목받는 고야드 스타일 말이다.

귀부인의 드레스가 구겨질세라
옷장을 그대로 축소해 놓은 듯한 큰 트렁크나
화려한 모자를 담는 원형 트렁크 같은 것은
그것을 소유한 사람의 품격을 고스란히 드러내준다.

집에 있는 헤링본 체크 모직을 들여다보다가
그런 고풍스런 트렁크의 느낌이 떠올라,
브라운 톤으로 아득한 여정의 느낌을 담아 보았다.

같은 아플리케로 빅사이즈 보스턴백과 중간 사이즈의 보스턴백,
숄더백과 백 팩, 그리고 크로스 백까지 5개의 가방을
세트로 만들어 들고 행복한 여정에 나서는 모습은
상상만으로도 광고의 한 장면처럼 멋지다.

How to make ▶ 138p

여행가방
Mon ~ F
10:00 ~
Sat
10:00 ~
여행가방

수묵화

태산이 높다하되 하늘아래 뫼이로다
오르고 또 오르면 못오를 리 없건마는
사람이 제 아니 오르고 뫼만 높다 하더라.

                 - 양 사 언

CREATOR'S NOTE

아주 단순한 색감과 단순한 패치로
이렇게 고아한 느낌을 주는 가방이 뉘 섯은
주제가 깊은 산이기 때문인 것 같다.
모노톤 울의 농담이 적절하게 쓰였고
무엇보다도 소재가 울이어서 깊고 큰 산의 느낌에
적합하지 않았나 싶다.

색감과 소재,
그리고 주제까지
품위라는 코드를 완벽하게 만족시킨 가방이다.

How to make ▶ 144p

이화에 월백하고

이화에 월백하고 은한이 삼경인제
일지 춘심을 자규야 알랴마난
다정도 병인 양하여 잠 못 들어하노라
– 이 조 년

어느 전시회에서
아름다운 매화나무 그림을 보고 느낀 감동을
가방에 옮겨 보았다.
은은한 달빛을 받으며 홀로 서서 분분히 꽃잎을
떨구고 있는 매화나무.

밤이라는 시점과 월광,
그리고 분분히 날리는 꽃잎을 표현하는 데
차콜 그레이의 모직만큼 적당한 소재는 없을 것이다.
그리고 양모의 니들워크는 선의 그림
한국화를 표현하기에 더할 나위 없이 제격이다.
양모로 꽃잎을 표현하고 작은 진주 비즈를 달아 주어
달빛을 받아 반짝이는 꽃잎을 표현하였다.
달무리 진 보름달의 묘사는
볼 때마다 나의 마음을 저 달처럼 꽉 차오르게 한다.

How to make ▶ 148p

체리

베르나르 올리비에의 두 발로 걷는 여행기
〈나는 걷는다〉 중에는 저자가
터키 어느 지방을 지나던 도중에 체리 밭을 지나게 되고,
그 체리 밭에서 일하던 농부의 권유로 체리를 실컷 따먹어
한 끼를 해결했다는 대목이 나온다.
나는 언제 체리를 그렇게 배 터지게 먹어 볼 수 있을까?

짙은 초콜릿 색 바탕에 빨간 체리의 조화가 상큼하다.
그리고 체리의 광택을 표현해 준 작은 진주…
이 작은 터치로 가방 속 그림이 갑자기 입체감을 띠고
살아 움직이는 듯하다.
과일 연작을 구상하면서 과일 가방은 반드시 가방 앞 뒤
모두에 그림을 넣겠다고 혼자만의 약속을 했다.
무엇보다도 과일은 풍요를 상징하니까 말이다.
그리고 우연한 변화, 우연한 변덕!
꼭지 하나 떼어 보기.
이것이 진짜 핸드메이드의 정신,
핸드메이드의 해학 아닐까?

How to make ▶ 150p

포 도

CREATOR'S NOTE

간밤에 포도밭에는
비가 흠뻑 내렸다.

오늘 아침 포도를 딸 때는
보라물, 초록물을
후두둑 후두둑
맞겠네……

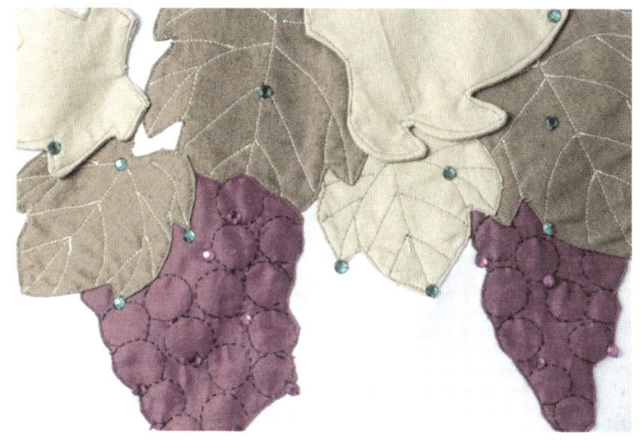

가방을 만들 때

가장 먼저 생각하는 것은

마음을 끌 수 있는 그림.

그리고

색감……

그 중에서도 색감은

시도하는 내내 가장 신경 쓰이면서도,

성취했을 때는 가장 기쁨이 큰 부분이다.

가방을 디자인할 때는 우선 쓰고자 하는

천들을 모아 색감의 매치를 확인하곤 한다.

혹시 내 관점에 자신이 없을 때는

객관적으로 볼 수 있도록 사진을 찍어 확인하는 것도 좋은 방법이다.

가방을 완성하고 보니, 내내 확신이 서지 않던 하늘색과 보라색,

올리브 그린의 조화가 무척이나 만족스러웠다.

How to make ▶ 154p

수박

커다란 수박 쩍쩍 갈라서
한 사람 앞에 큰 조각 하나씩 놓고,
달디단 물 줄줄 흘리며
한 잎 크게 베어 물고
씨 한 톨 퉤! 뱉어 멀리 보내기.

여름에는 수박이 있어서 행복하다.

행복한 이야기 뒷면에는
깜찍한 반전이 있어서
기분 좋은 가방.
여름 이야기가 풍성한 이 가방을 들고
수박밭으로 달려가고 싶다.

여름과 어울리는 주트마는
내추럴한 느낌 그 자체다.
빨간 수박의 과육과 어울리는 빨간 깅엄체크 리넨의 안감은
가방 속을 들여다보는 시간마저도 즐겁게 해준다,
수박씨처럼 생긴 비즈를 찾아
시장을 몇 바퀴나 헤맸던 기억이 새롭다.

How to make ▶ **158p**

석류

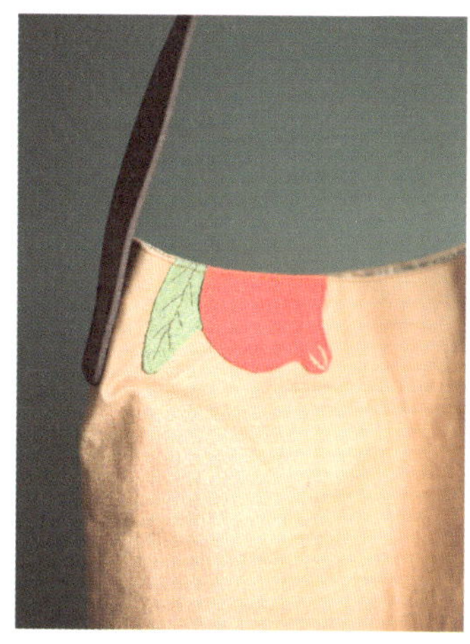

나의 태몽은 석류다.

엄마는 어릴 때 살던 동네를 거닐다가
새빨갛게 익어 벌어진 석류가 어느 집 담 너머에 매달려 있는 것을 보고
훌쩍 뛰어올라 따서는 치마폭에 감추는 꿈을 꾸고 나를 가지셨다고 한다.

블로그에 이 가방을 만들어 올리고 내 태몽을 소개했을 때,
이웃들의 덧글을 보고 참 즐거웠던 기억이 난다.
많은 분들이 의외로 자신의 태몽을 모르고 있었는데,
대부분이 베이비붐 세대로 많은 형제를 낳고 기르느라
경황이 없던 어머님들께서 기억을 잊거나 말해 주는 걸
잊어버리셨기 때문이었다.
그 일로 평소 생각지도 못했던 자신의 태몽을
새삼 알게 되었다는 분도 계셨다.

많고 많은 과일 중에 석류를 택한 이유는
그 과육이 정밀 보석처럼 영롱해서,
붉은 비즈가 얼른 머리에 떠올랐기 때문이다.
뒷면에 살짝 놓인 석류와 잎에서 한 가닥 여운을 느껴 본다.

How to make ▶ 162p

빵

갓 구워낸 빵 모양의 가방이다.
두툼하고 폭신하고 만지면 따끈하고,
구수한 냄새에 금세 허기를 느끼게 할 만한
먹음직한 빵이다.

카키 베이지색 캔버스 천으로
호밀빵의 자연스런 색감을 표현했고,
bread라는 글자를 이루고 있는 작은 단추는
건포도도 되고, 초코칩도 된다.

커다란 빵을 들고도 다니고
집안 어딘가에 두었을 때는
포만감으로 바라보게도 되고……

일상에서 사용하고 마주치는 물건들 중에
무리가 없고 자연스레 웃음 지을 수 있는 소재를
가방으로 만들어 즐길 수 있는 유머감각.
그것이 삶을 유쾌하게 한다.

How to make ▶ 164p

모노톤 패치

흑백 모노톤의 매치는
얼핏 생각하면 점잖고 무난한 조화 같지만,
의외로 청순하고 깨끗한 느낌을 준다.

특히 모노톤 의상은 여성을 더욱 단정하고
어려 보이게 하는 효과를 내기도 한다.
흰색 라운드 티셔츠에 검정색 재킷을 입었을 때
극명하게 드러나는 브이존이라든가,
하얀 블라우스에 짙은 회색의 스커트나
팬츠를 매치해서 입었을 때의 청아함은
나이나 체형을 불문하고 여성에게 내재되어 있는
소녀적 분위기를 이끌어낸다.
물론 이때, 부스스한 뽀글이 파마 머리보다는
정돈된 헤어스타일이 모노톤 코디네이션을
더욱 돋보이게 할 것이다.

모직과 리넨, 레이스라는 통일성 없는 소재를 모노톤으로 조합하니
청량감과 청순함, 차분함, 고상한 느낌으로 다가온다.
패치를 연결할 때 한 부분에 콘실 지퍼를 사용하여 만든
숨은 주머니가 애교 만점이다.

How to make ▶ 168p

How to make

레몬 '툿'

재료

주트마 2분의 1마, 노란색 리넨 1마(안감분 포함), 마끈 2cm 폭 140cm, 얇은 접착심 약간, 2온스 퀼트솜 2분의 1마, 4온스 퀼트솜과 두꺼운 접착심 31cm x 14cm, 마그네틱 단추 1set, 두꺼운 접착심과 2온스 솜 3cm x 3cm 2장, 트레싱지, 두꺼운 종이, 먹지, 검정 수실 약간

재단하기 전체 시접 1cm 포함된 치수

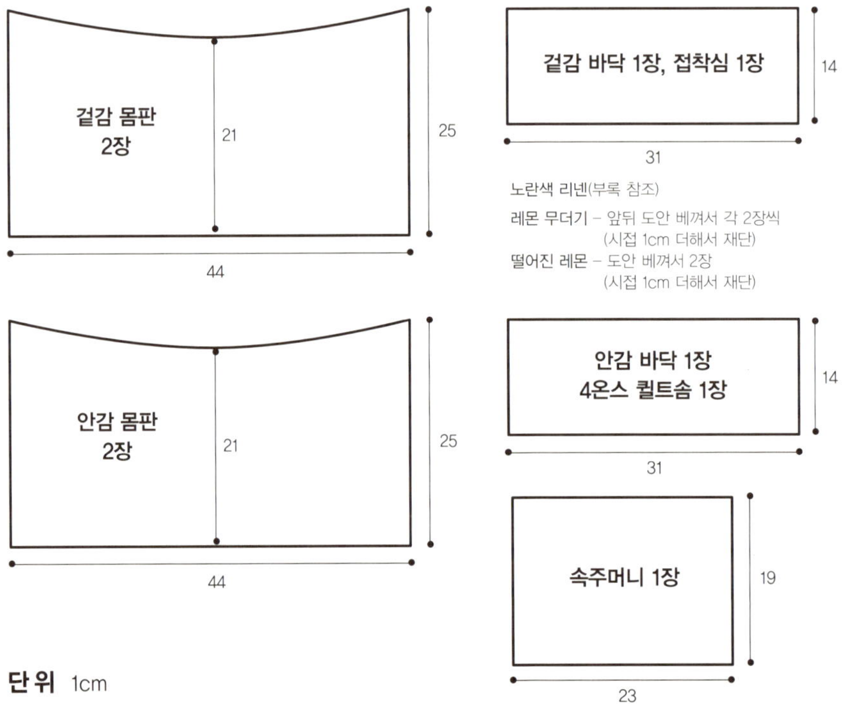

단위 1cm

01

겉감 몸통인 주트마는 올이 쉽게 풀리는 경향이 있으므로 재단
한 즉시 얇은 접착심을 가장자리에 부착하여 올 풀림을 막는다.
바닥 부분에는 두꺼운 접착심을 붙인다.

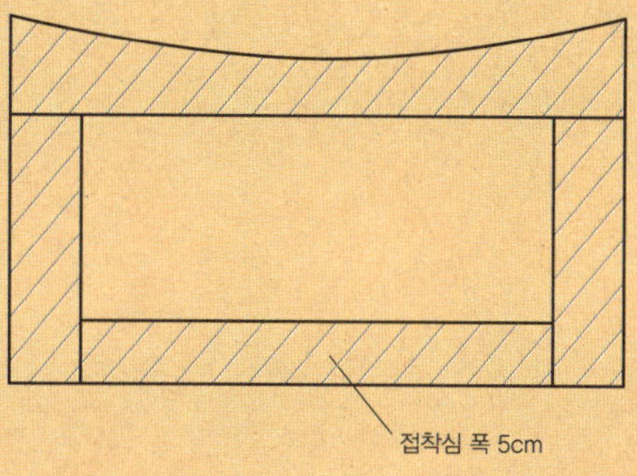

02

레몬 무더기를 만들 차례. 먹지를 이용해 트레싱지와 두꺼운 종이에 각각 도안을 베껴서 오린다. 두꺼운 종이
에 베껴서 오린 도안을 노란색 리넨에 대고 수성펜으로 아우트라인을 따라 앞뒤 각 두 장씩 대칭되게 그려 가
장자리에 여분 1cm 남기고(아래는 3cm) 오린다. 2온스 퀼트솜도 마찬가지로 앞뒤 각 1장씩 준비한다.

03

레몬 무더기 앞뒤 각 1장씩의 위에 트레싱지를 얹고 사이에 먹지를 끼우고 레몬이 쌓인 모습을 베긴다. 뒷면
에 2번의 2온스 퀼트솜을 대고 시침핀으로 고정하여 검정 수실로 러닝 스티치하여 레몬이 쌓인 모습을 표현
한다.

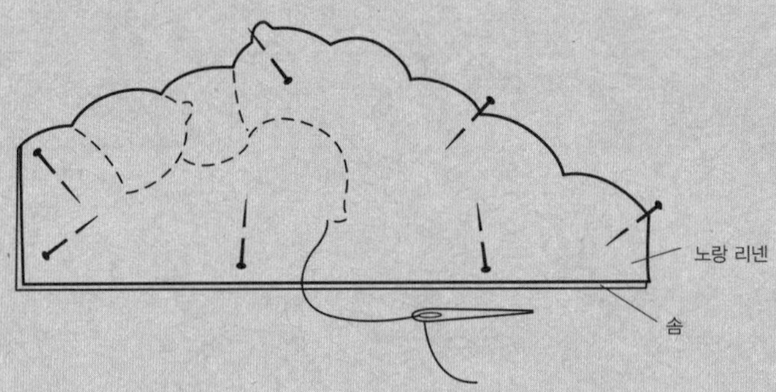

3번의 겉과 앞 안의 겉끼리 맞대고 시침핀으로 고정하여 완성선을 따라 박은 다음, 시접은 0.1cm 남기고 잘
라낸다. 그리고 뒤집어서 다림질하여 모양을 정돈한다. 뒤도 같은 방법으로 해둔다. 떨어진 레몬도 마찬가지
로 하고, 창구멍은 공그르기로 막는다.

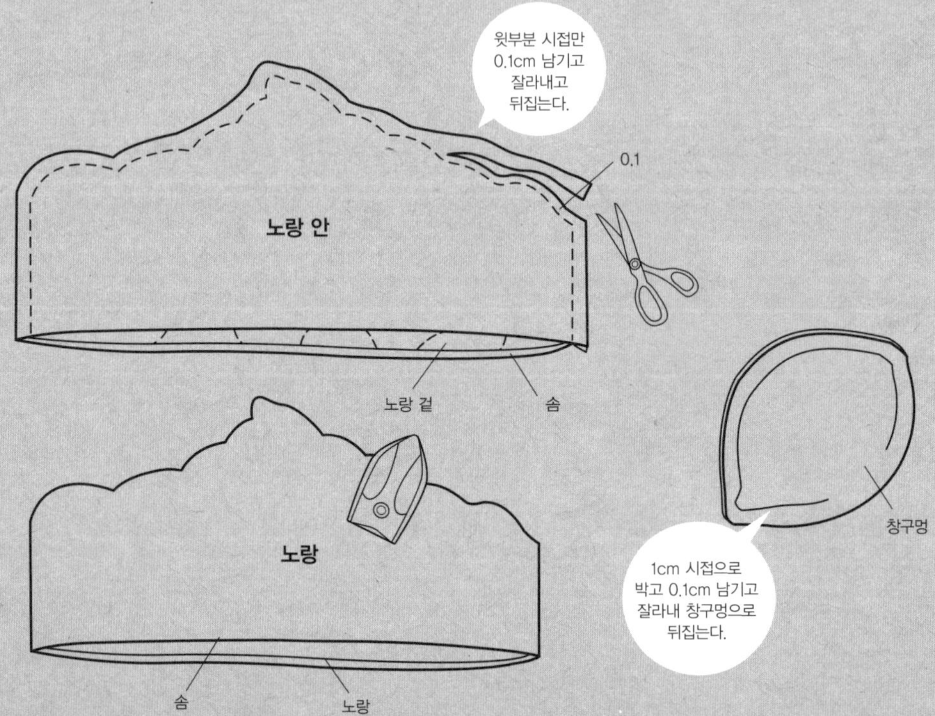

05

완성된 앞과 뒤의 안끼리 맞닿도록 맞대놓고 마그네틱 단추 달 위치를 잡은 후, 안감의 안쪽에 두꺼운 접착심을 붙여 마그네틱 단추를 단다.

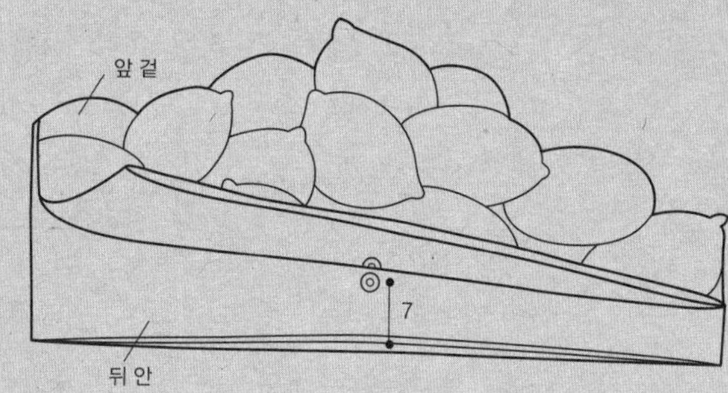

06

마 끈은 길이 70cm로 잘라 2개를 준비해 놓는다.

07

몸판의 겉과 겉을 맞대고 양옆을 1cm 시접으로 박고 가름솔로 다림질한다. (71쪽, 레오파드 6번 그림 참조)
안감에는 속주머니를 달고 (70쪽, 레오파드 4번 그림 참조), 바닥 안감 안쪽에는 4온스 퀼트솜을 덧대어 박아 겉통과 마찬가지로 속통을 만든다. (71쪽, 레오파드 7번 그림 참조)

08

겉통의 겉과 속통의 겉이 맞닿도록 끼우고, 4번의 레몬 무더기 앞뒤의 겉이 겉통의 겉과 맞닿도록 끼워서 시침핀으로 고정한다.
마끈도 위치를 정해 시침핀으로 고정한 다음, 시접 1cm로 박아 창구멍으로 뒤집는다. 다림질로 모양을 정돈한다.

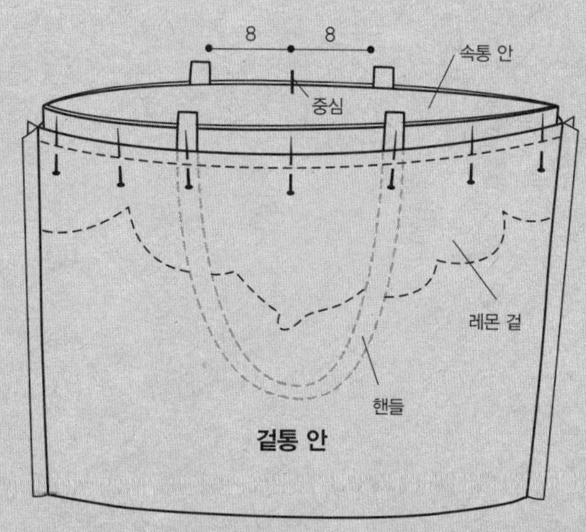

09

떨어진 1개의 레몬은 앞무더기의 빈자리 밑에 손바느질로 단다. 창구멍을 막아 완성한다.

레오파드

재료

레오파드 원단 1마, 안감 1마, 의류용 접착심 1마, 초콜릿색 웨빙끈 42cm 2개, 바닥용 4온스 솜 35cm x 12cm 1장, 2온스 솜 3cm x 3cm 2장, 마그네틱 단추 1set, 포켓용 눈단추 2.3mm(검정) 2개, 1.5mm(카멜색) 2개, 코 모양 가죽장식 5cm 1개

재단하기 전체 시접 1cm 포함된 치수

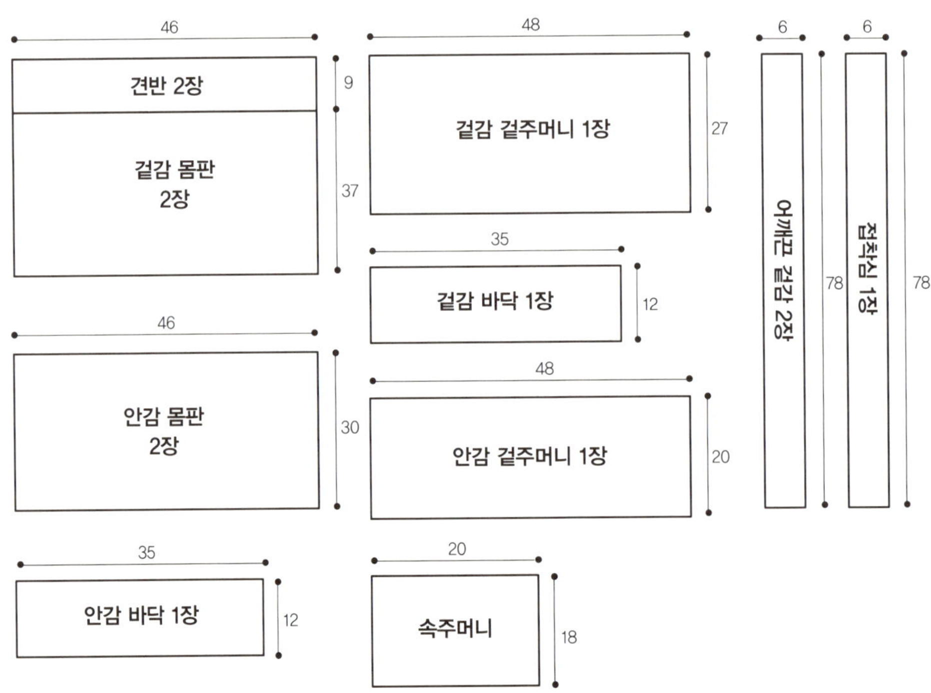

01

겉감 안쪽에 접착심을 붙인다. 접착심을 붙일 때는 스팀 다리미를 최고 온도로 설정하여, 문지르지 말고 지그시 누르듯이 다린다. 두꺼운 접착심은 접착제가 다리미에 눌어붙기 쉬우므로 다리미 밑에 얇은 종이를 댄다. 접착심은 반짝이는 면이 접착제가 도포된 곳이다.

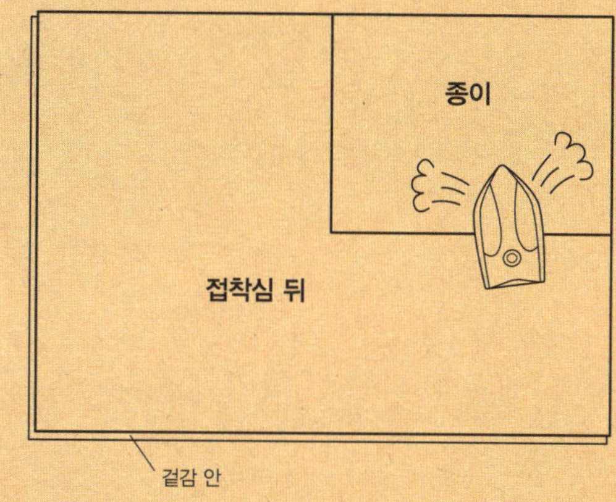

02

몸판 겉감의 윗부분 양옆 2cm에 표시하고 밑변 가장자리 끝까지 자를 대고 그어 잘라낸다. 견반은 몸판 윗부분에 맞춰 잘라낸다.

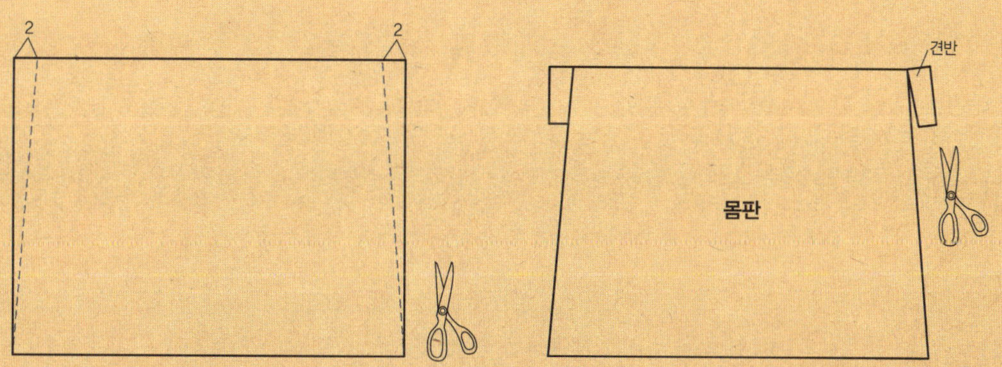

03

견반 겉을 그림과 같이 안감에 놓고 핀으로 고정하여 시접 1cm를 박아 연결한 후, 겉감 모양에 맞춰 여분을 잘라낸다. 시접은 안감 쪽으로 몰아 다림질한다.

속주머니는 위를 1cm 접은 후 다시 2cm 접어 박고, 가장자리는 지그재그 미싱한 다음, 1cm씩 안으로 접어 다림질한다. 견반과 연결해 놓은 안감의 정중앙 위치에 주머니를 박는다.

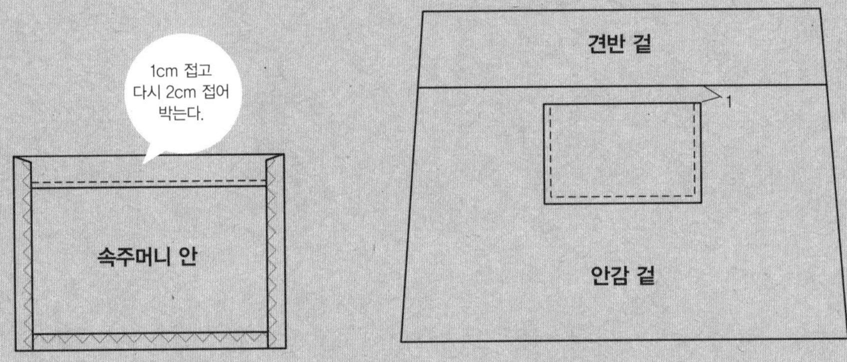

겉주머니 겉과 안감 겉을 맞대고 시접 1cm로 박아 시접은 아래쪽으로 꺾어 다림질한 후, 겉감이 안감 쪽으로 3cm 넘어가게 접어 다림질한다.
겉주머니 입구를 0.2cm 상침하고, 위와 아래에 정중앙을 표시해 둔다. 정중앙을 중심으로 양옆의 중심부에 3cm 길이의 단춧구멍을 만든다.
겉주머니를 달 몸판의 정중앙과 겉주머니의 정중앙을 맞춰 시침핀으로 고정한 후, 가운데를 박는다. 그 다음, 아래 몸판과 주머니의 아래 양 귀퉁이를 맞춰 시침핀으로 고정하고 가운데 박음선을 중심으로 0.5cm 맞주름을 잡아 시침핀으로 고정한다. 겉주머니 윗부분 양쪽도 몸판 가장자리 선에 맞춰 시침핀으로 고정하여 바늘땀을 크게 해서 옆선과 아랫면을 박아 고정한다.

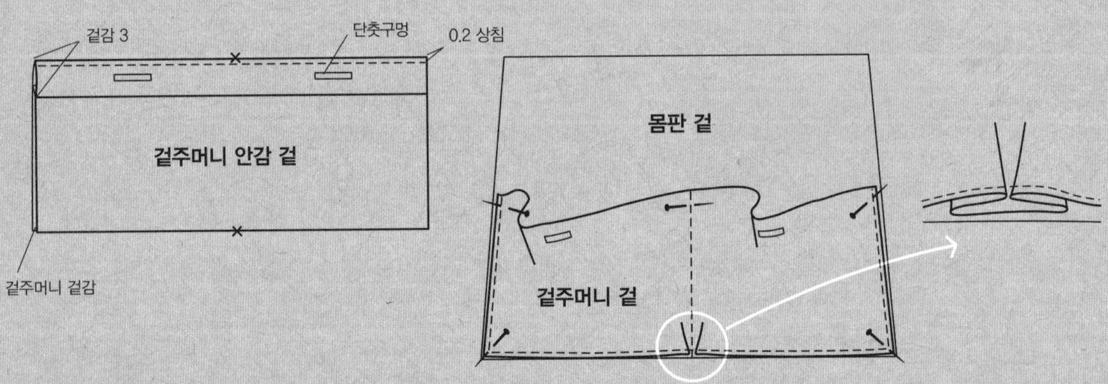

06

앞뒤 몸판의 겉끼리 맞대고 양 옆선을 박아 가름솔로 다림질한다. 겉통의 겉과 겉감 바닥의 겉을 맞대고 시
침핀으로 고정하여 박아 연결한다

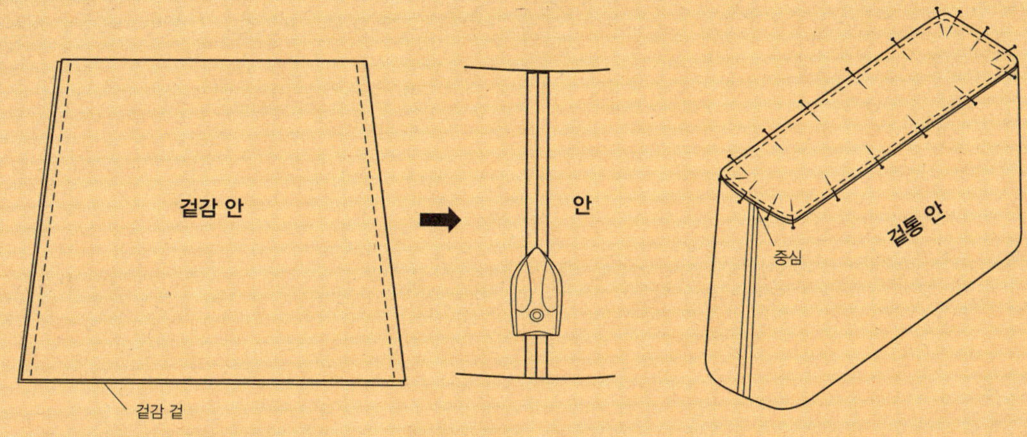

07

바닥 안감의 안쪽에 두꺼운 솜을 큰 바늘땀으로 박아
고정하고, 6번과 같이 한다. 창구멍은 남긴다.

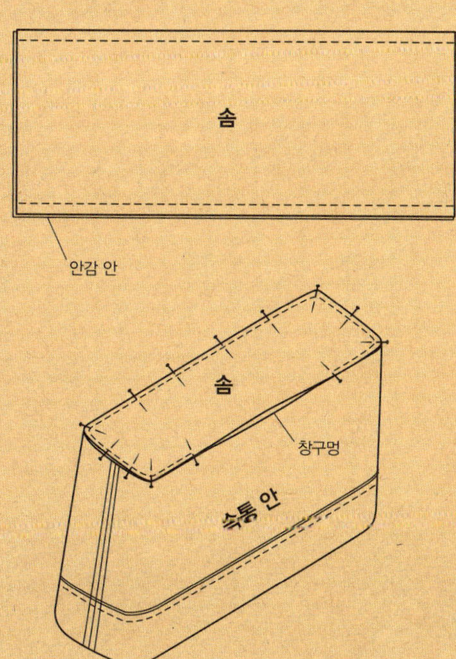

08

a~d의 순서대로 어깨끈을 만든다.

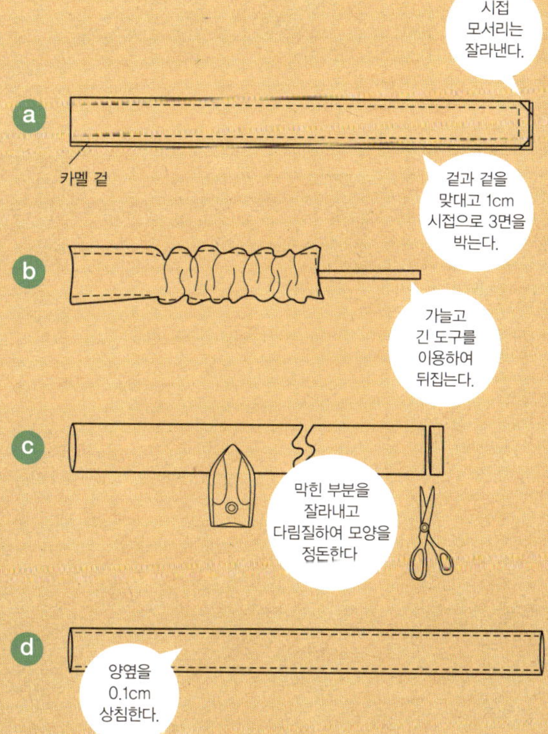

09

웨빙 끈은 가운데 부분 12cm를 반으로 접어 박는다.

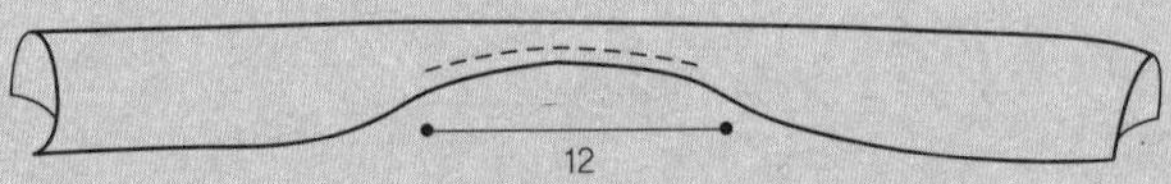

10

겉통의 겉과 속통의 겉이 맞닿게 끼워서, 어깨끈과 웨빙끈의 겉이 겉감의 겉과
맞닿도록 끼워 시침핀으로 고정한 다음, 입구를 1cm 시접으로 박는다.

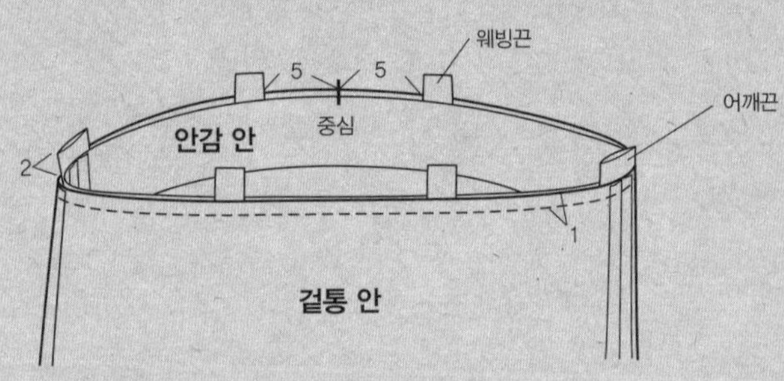

11

가방을 창구멍으로 완전히 뒤집는다. 입구의 겉감이 안감 쪽으로 0.1cm 정도 넘어가게
다림질로 정돈하고, 입구를 0.1cm 상침한다.

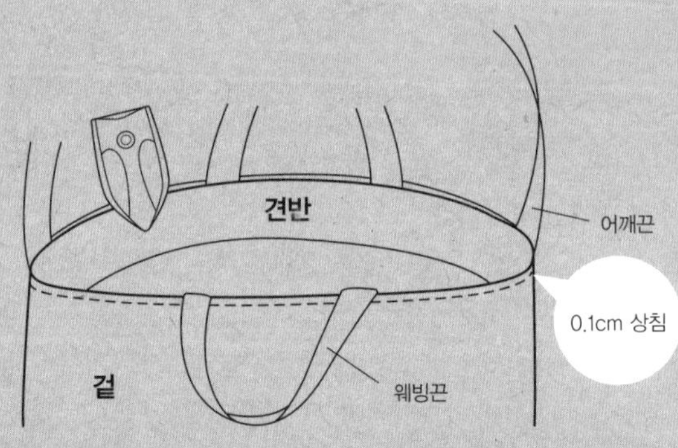

12

눈과 코의 위치에 단추를 달아 표정을 완성한다.

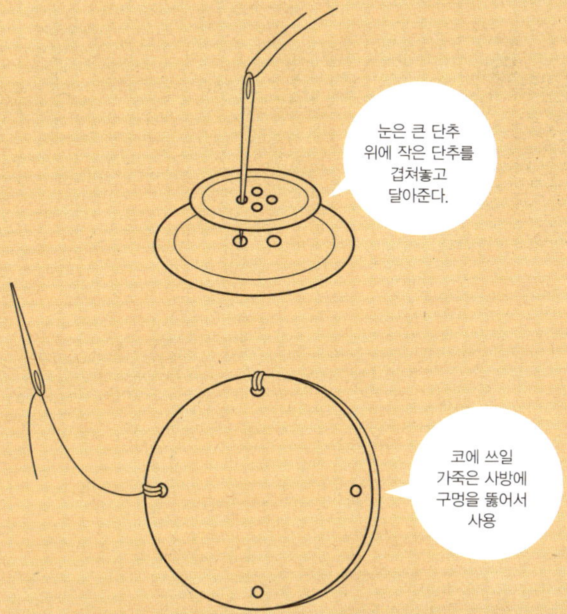

13

창구멍을 통해 마그네틱 단추를 달고, 창구멍을 막아 완성한다.

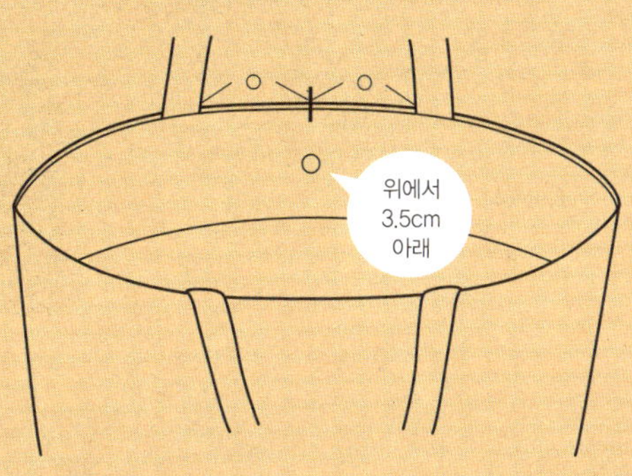

[마그네틱 단추 다는 법]

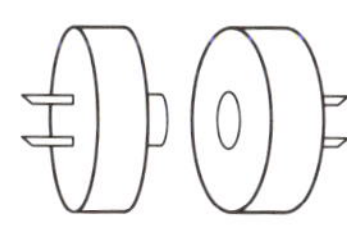

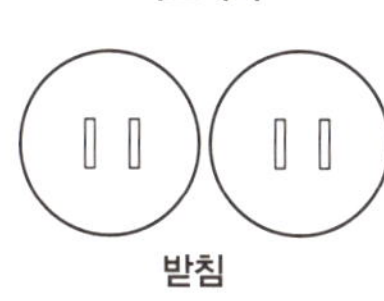

 a

마그네틱 단추를 달 위치에 받침을 놓고 틈새를 수성펜으로 표시한다. 힘받이용 퀼트솜에도 마찬가지로 표시해준다.

 b

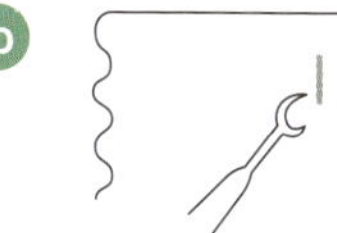

표시한 부분을 실뜯개로 조심스럽게 찢는다. 솜에도 마찬가지.

c

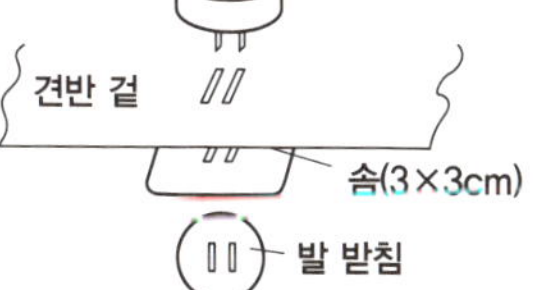

그림과 같은 순서대로 끼우고 발을 오므린다.

d

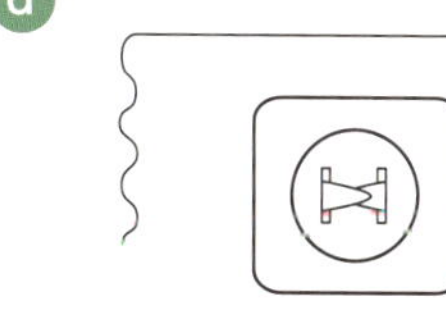

블랙 레이스

재료

블랙 아크릴 레이스 2분의 1마, 두꺼운 베이지색 리넨 2분의 1마, 안감과 두꺼운 접착심 2분의 1마씩,
가죽 핸들 1set, 마그네틱 단추 1set, 2온스 솜 3×3cm 2장

재단하기 전체 시접 1cm 포함된 치수

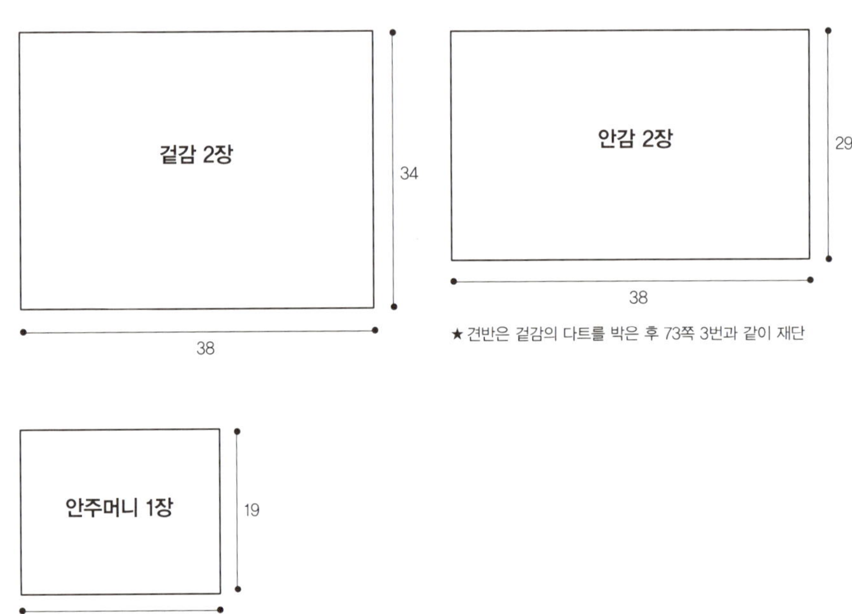

01

겉감과 안감, 주머니를 재단한 후 2장의 겉감 뒤에 접착심을 붙인다.

02

블랙 레이스는 겉감의 길이보다 8cm 정도 짧게 재단해서 윗부분을 레이스 모양에 따라 리드미컬하게 오려 검
정실로 가장자리를 박아 고정한다. 겉감의 윗부분에 다트를 잡는다.

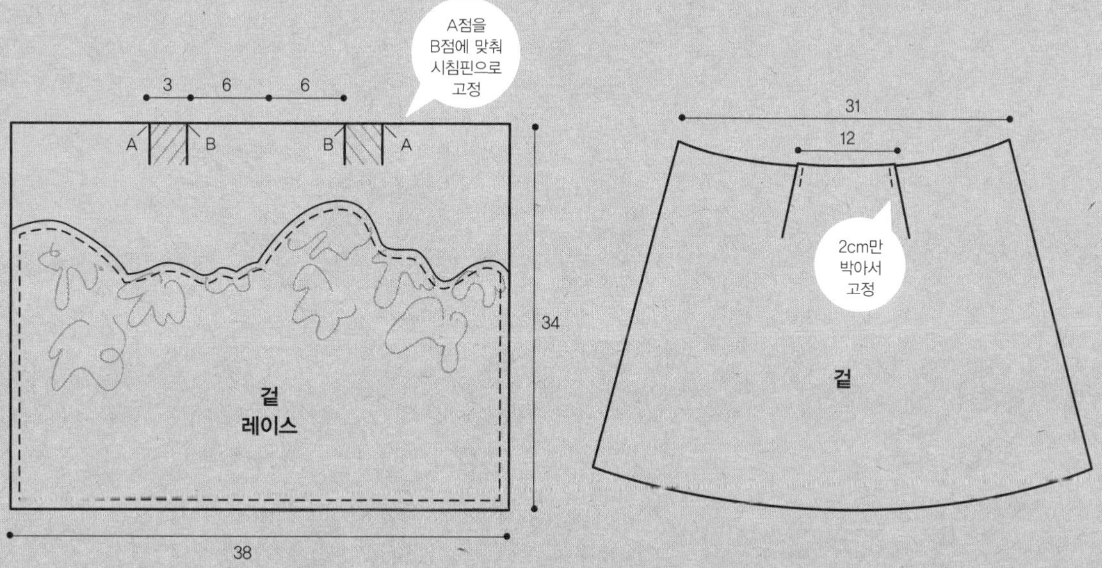

03

다트를 잡은 겉감 윗쪽을 대고 견반 부분을 따로 재단해서, 접착심을 붙여둔다.

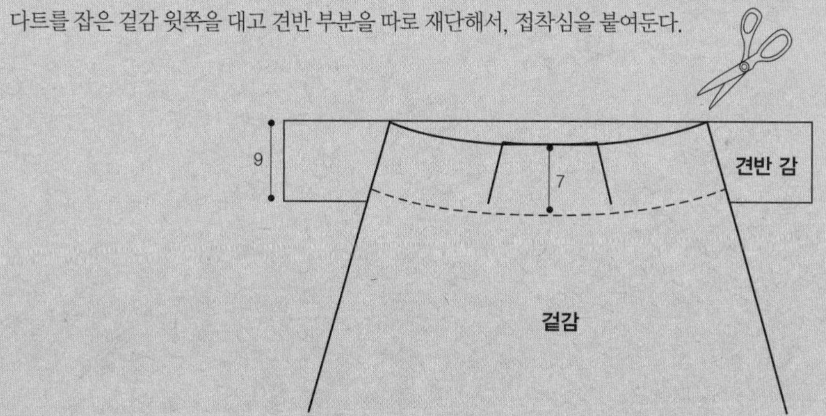

a~c의 순서로 안감에 주머니를 달고 견반과 안감의 겉끼리 맞대고 1cm 박아 연결한다.

여분의 안감 폭은 견반 폭에 맞춰 주름을 잡아준다.

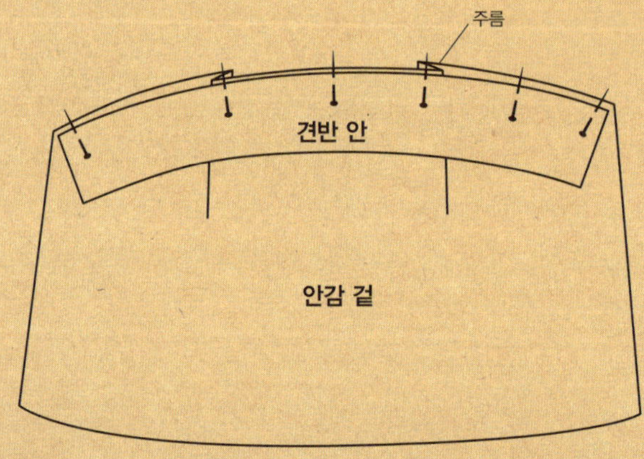

06

겉감의 겉끼리 맞대고 옆선과 밑을 박아 연결하여 겉통을 만든다.
안감도 창구멍만 남기고 같은 방법으로 만든다.

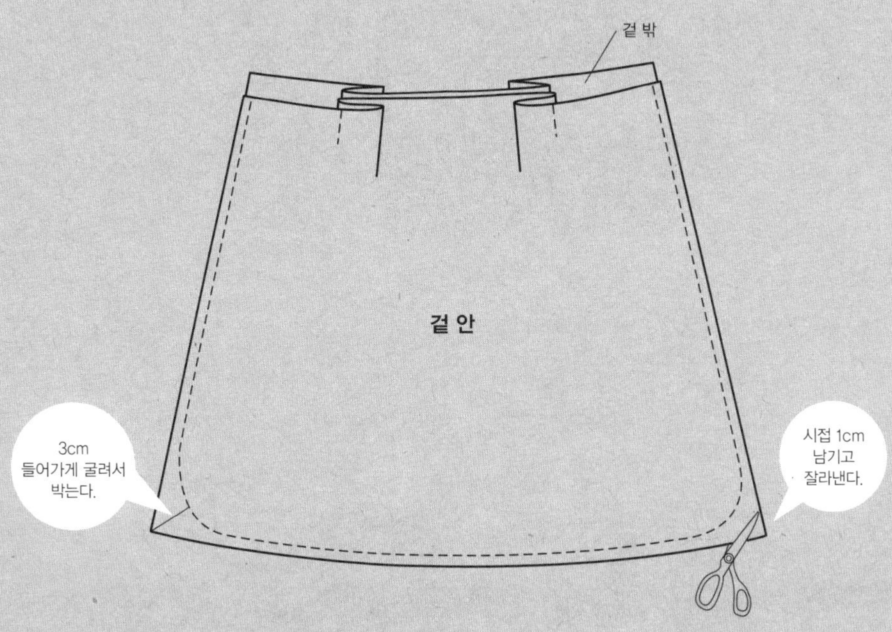

07

겉통의 겉과 안감의 겉끼리 맞닿도록 끼워 1cm 시접으로 입구를 박는다.
창구멍으로 뒤집어 겉감이 안쪽으로 0.1cm 넘어가도록 다림질한 후, 0.1cm 상침한다.

08

창구멍을 통해 가죽 핸들과 마그네틱 단추를 달고
창구멍을 막아 완성한다.

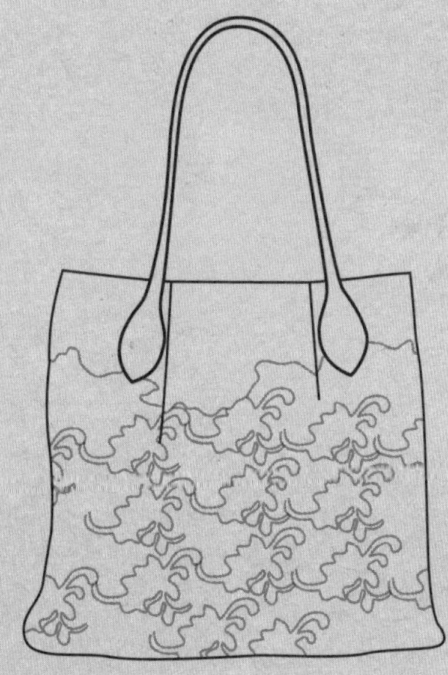

책가방

재료

검정색 면마 1마, 두꺼운 접착심과 안감 1마, 바닥용 4온스 솜 37×13cm 1장, 마음에 드는 각양각색의 천들 약간씩, 글씨가 들어간 천 3~4가지 정도, 작은 라벨들 몇 가지, 글씨를 베낄 수 있는 전사지, 폭 5mm 리본테이프(백과사전) 약간, 수실 약간, 검정색 가죽 핸들 1set, 35cm 지퍼 1개

재단하기 전체 시접 1cm 더해서 재단할 것

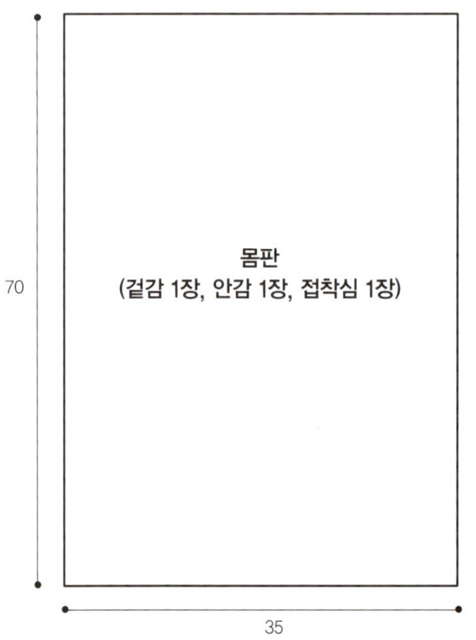

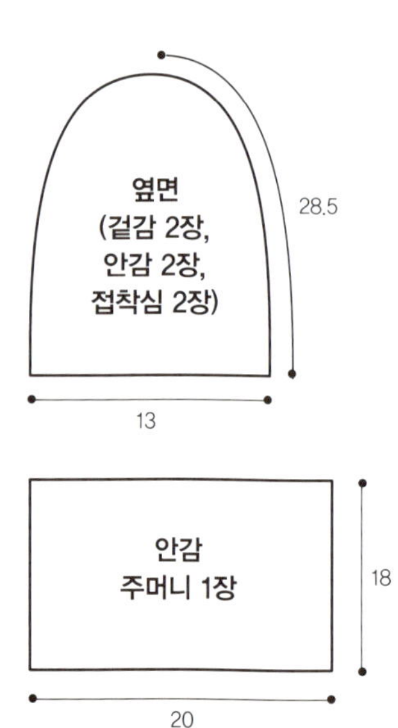

01

재단한 모든 겉감에 접착심을 붙인다

02

각양각색의 천들을 컬러의 매치가 조화롭게 배치해 보고, 책의 키는 22cm, 한두 권 정도는 17cm, 두께는 2cm~5cm까지 다양하게 정해서 양쪽에 시접 1cm씩 더해 재단해 놓는다.

03

백과사전은 두껍게 재단해서 리본 테이프를 미싱으로 박아 장식한다. 알파벳 전사지에 다리미로 열을 가해 글씨를 장식한다.

04

컬러 매치해 놓은 순서대로 하나씩 하나씩 1cm 시접으로 연결해 나간다. 몸판 폭보다 1~2cm 정도 넓게 만들어 놓는다.

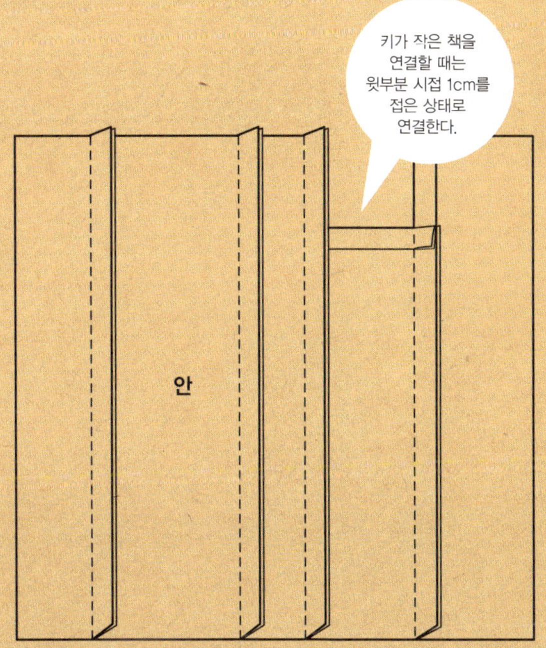

시접들은 모두 가름솔로 다림질한다.

연결한 책들은 몸판에 시침핀으로 고정하여 미싱으로 가장자리를 박아 고정한다.

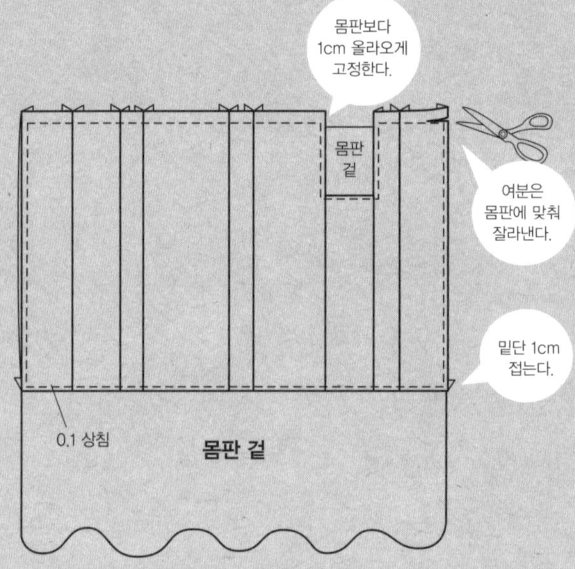

어울리는 라벨들을 미싱으로 박아 장식하고, 마음에 드는 책 제목을 책등에 수놓아 장식한다.

안감에 안주머니를 만들어 달고, 안감 안쪽 중심(바닥) 부분에 4온스 솜을 박아 고정한다.

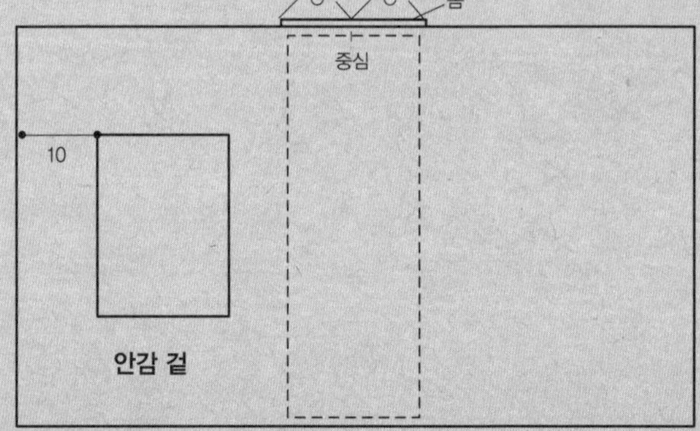

09

지퍼를 단다. 겉감 양끝 입구 부분을 1cm 접어 다려 놓는다. 먼저 앞판의 입구에 지퍼 고리가 왼쪽으로 오도록 지퍼를 놓고(지퍼는 잠긴 상태로), 시침핀으로 고정해 지퍼를 박는다(지퍼 노루발 사용). 뒤판도 지퍼를 시침핀으로 고정한 후, 지퍼를 열어서 미싱으로 박는다(142쪽, 여행 가방 5번 그림 참조).

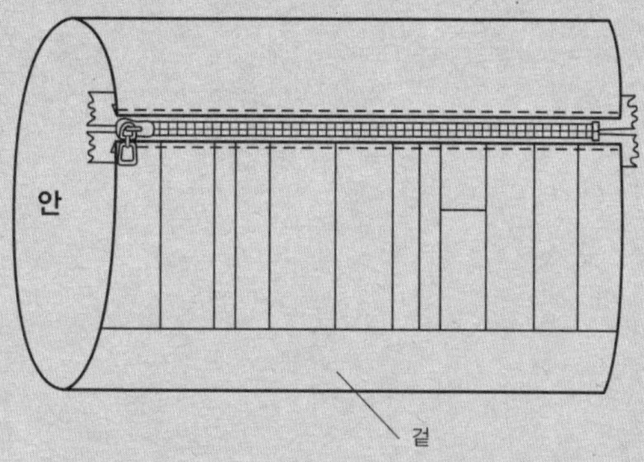

10

가방 몸판을 뒤집어 안감을 단다. 안감도 입구 부분을 1cm 접어 지퍼천에 반박음질한다.
(142쪽, 여행 가방 6번 그림 참조)

11

겉감 옆면의 안과 안감의 안을 마주보게 놓고 가장자리를 큰 바늘땀으로 미싱하여 고정한 다음, 이것의 겉과 몸판의 겉을 맞대고 연결한다.

12

노출되어 있는 시접은 안감으로 폭 4cm 정도의 넉넉한 바이어스 테이프를 만들어 감싸 박아서 깔끔하게 정리한다. 바이어스 테이프의 겉과 안감 시접 겉을 맞대고 박은 후, 테이프를 1cm 접어 감싸 다시 박는다.
(143쪽, 여행 가방 8번 그림 참조)

13

가방 입구에 중심점을 잡고 양옆으로 7cm, 입구에서 2cm 밑 위치에 핸들을 단다. 안감 쪽의 바늘땀이 신경 쓰이면 안감천을 가로세로 6cm 정도 크기로 잘라, 사방 1cm 접어 넣고 시침질하여 가린다.(143쪽, 여행 가방 9번 그림 참조)

셰프를 위하여

재료

검정색 면마 1마, 두꺼운 접착심 1마, 안감 3분의 2마, 아플리케용(황토색, 보라색, 검정색, 카멜색, 주황색, 빨강색, 초록색 면이나 마 약간, 짙은 녹색 트위드풍 모직, 하얀색 모직 약간) 바닥용 4온스 퀼트솜 약간, 2온스 퀼트솜 3 x 3cm 2장, 마그네틱 단추 1set, 검정색 가죽 핸들 1set, 먹지, 두꺼운 종이

재단하기 전체 시접 1cm 포함된 치수

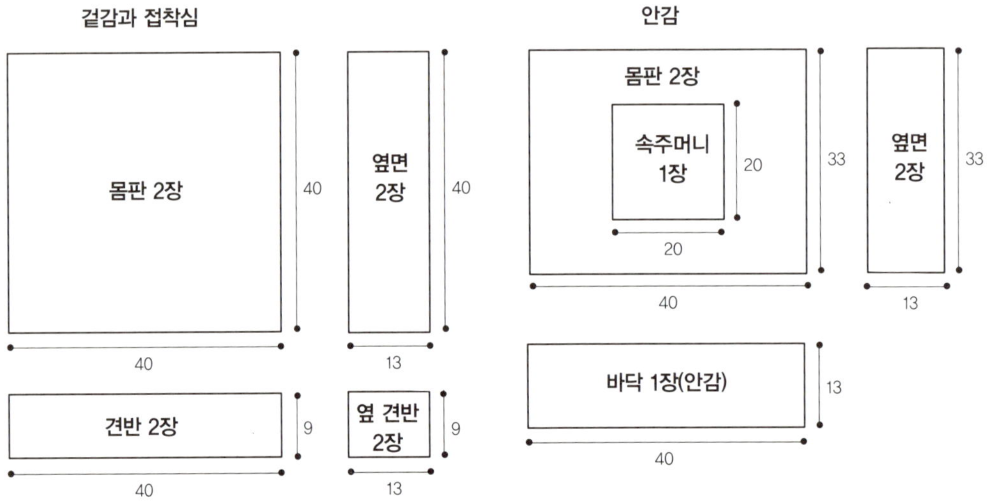

01

겉감 뒷면에 접착심을 붙인다.

02

먹지를 이용해 두꺼운 종이에 도안을 베껴서 오리고, 아플리케용 천에 이것을 대고 수성펜으로 그린다.
3~5mm의 시접을 남기고 오린다(브로콜리와 양파의 꼭지는 시접 없이). 각 시접에는 가윗밥을 넣는다.

03

1번의 겉감 아랫부분에 호박을 놓고 차례로 균형에 맞게 채소를 쌓아올려 시침핀으로 고정한 다음, 아플리케
한다. 각 채소의 상세묘사를 한다.

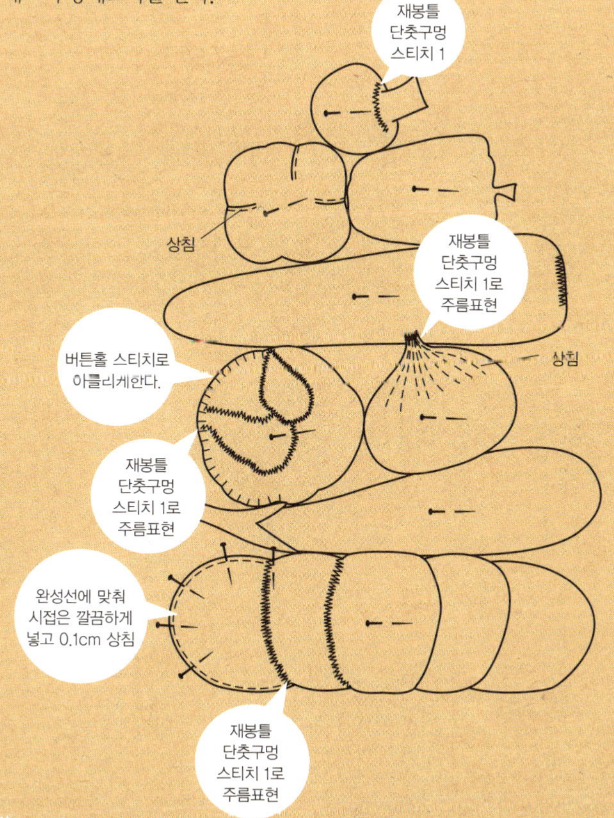

04

견반과 안감의 겉끼리 맞대고 시접 1cm로 박아 연결하고 속주머니를 만들어 단다.
옆 견반과 옆 안감도 연결한다.

05

몸판과 옆면, 바닥을 연결하여 겉통을 만든다.

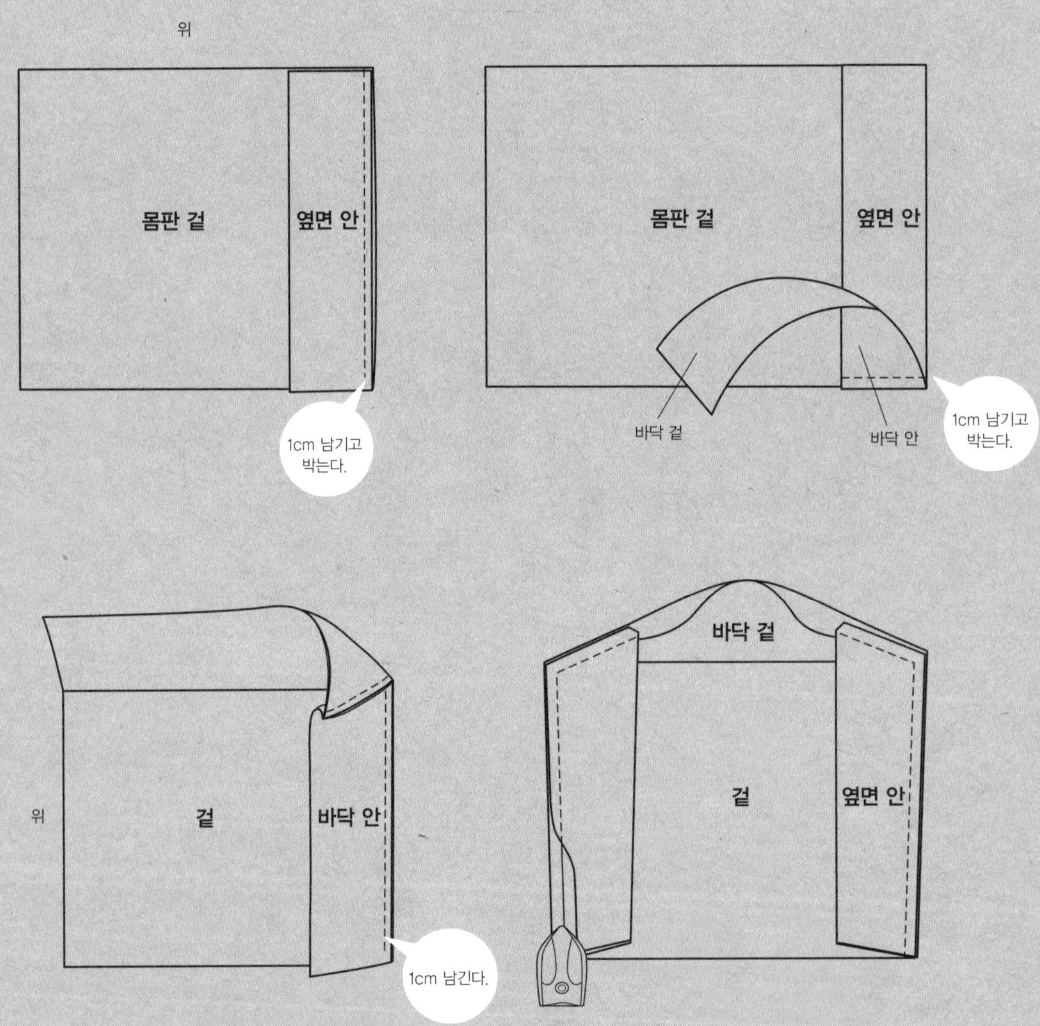

06

바닥 안감의 안쪽에 4온스 솜을 박아 고정하고 5번과 같은 방법으로 속통을 만든다.
한쪽 밑변에 창구멍을 남긴다.

07

겉통의 겉과 속통의 겉끼리 맞닿게 끼우고 핸들을 달 위치에 핸들을 끼워 입구를 1cm 시접으로 박는다. 창구멍으로 뒤집어서 다림질로 입구를 정돈하고 0.1cm 상침한다.

08

가방 옆선은 겉에서 0.1cm 상침한다.

09

창구멍을 통해 마그네틱 단추를 달고 창구멍을 막아 완성한다.

우드 핸들

재료

광택 가공된 회색 리넨 2분의 1마, 두꺼운 접착심과 안감 2분의 1마 씩, 바닥용 4온스 퀼트솜 36 x 7cm, 우드 핸들 1set, 20cm 지퍼 1개, 지름 4cm 정도의 비즈 6개, 1cm 비즈 2개, 작은 비즈 20개 정도

재단하기 전체 시접 1cm 포함된 치수

겉감과 접착심

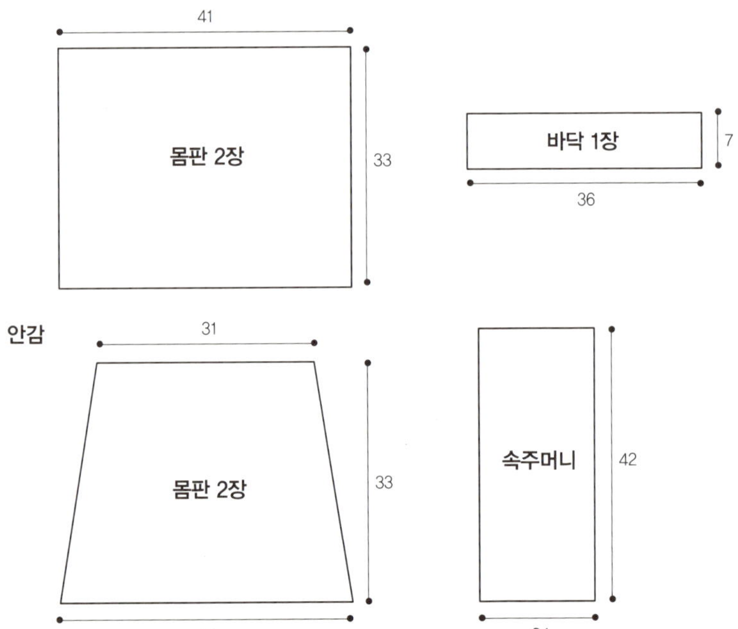

01

겉감 몸판 2장과 바닥을 재단한 후에 접착심을 붙인다.

02

겉감에 그림처럼 비즈를 균형 있게 배치해 단다.

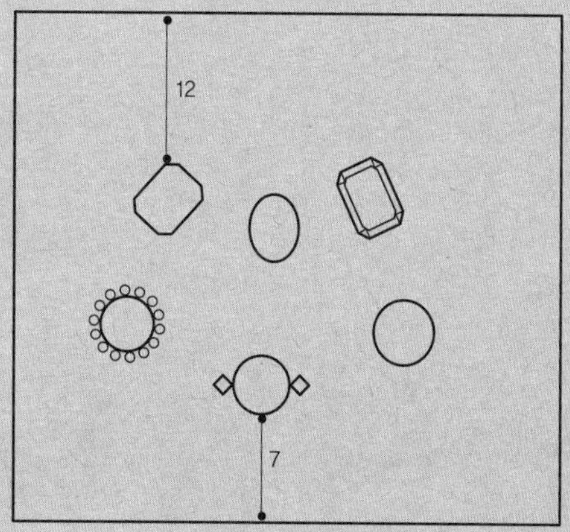

03

2장의 몸판 윗부분에 4개의 주름을 잡는다.

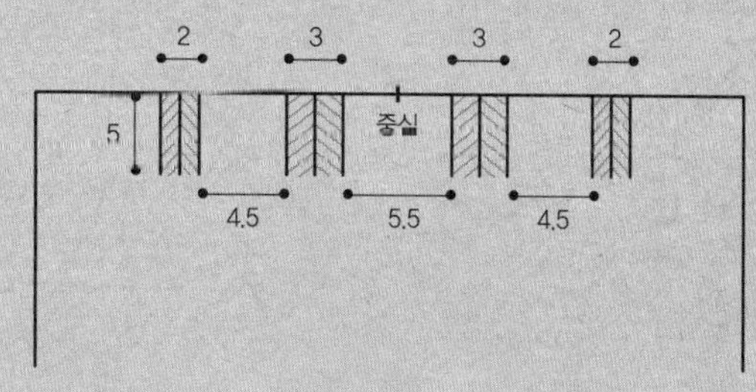

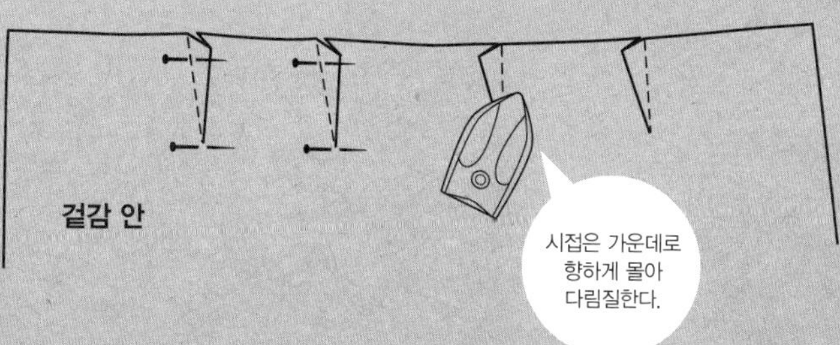

04

겉감 몸판의 겉끼리 맞대고 양 옆선을 박고, 가름솔로 다림질한다.
바닥을 연결한다(69쪽, 레오파드 6번 그림 참조).

05

a~f의 순서대로 안감에 주머니를 만든다. 안감 몸판도 3번처럼 각각 주름을 잡아준다.

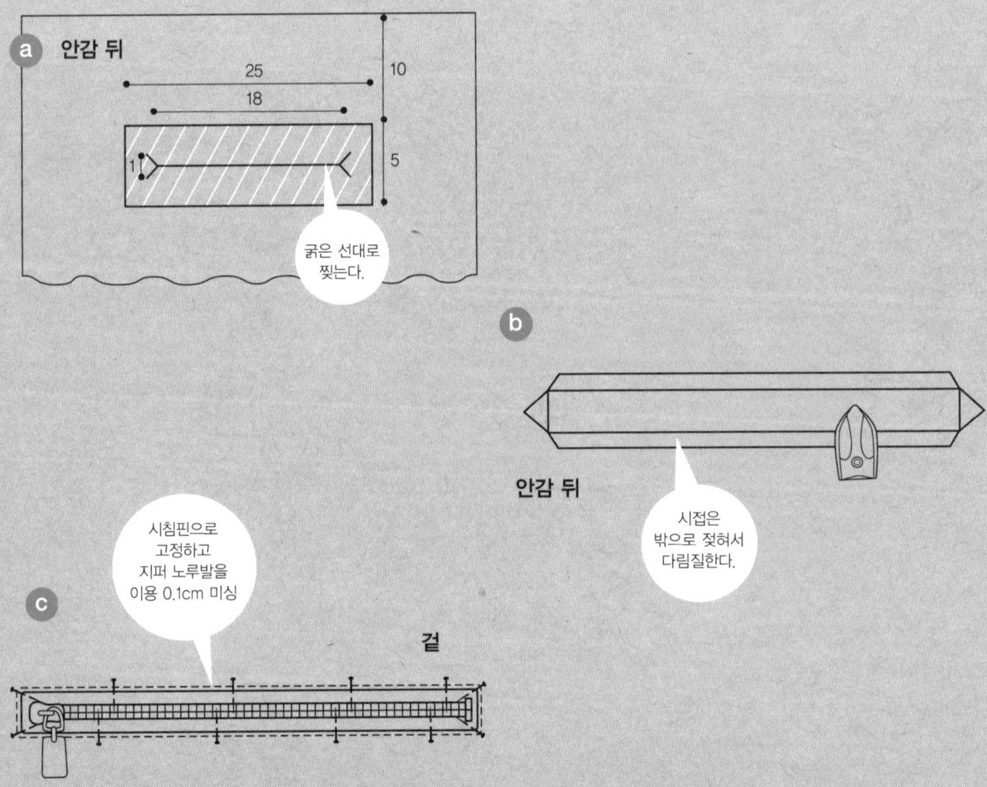

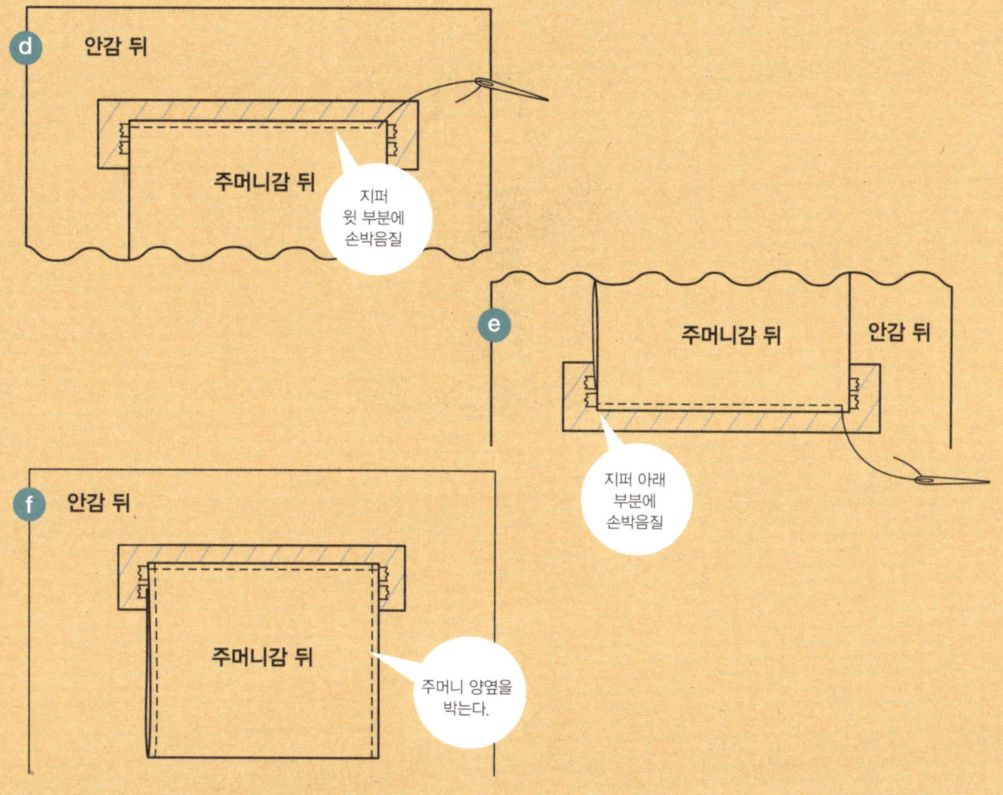

06

겉통의 안과 속통의 안끼리 맞닿도록 끼우고, 가방 입구에 나무 핸들을 감싸 반박음질이나 새발뜨기로 고정한다. 옆 트임의 깊이가 최소한 5~7cm 정도 되어야 가방을 열 때 불편하지 않다.

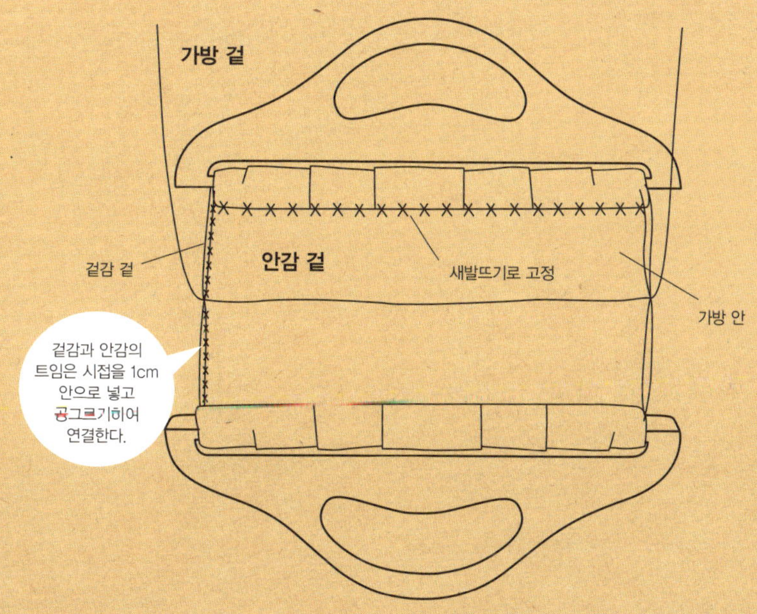

부츠백

재료

중간 톤 회색 모직 2분의 1마, 검정 프라다 원단 4분의 1마, 두꺼운 접착심 2분의 1마, 안감 2분의 1마, 아플리케용 천(검정 프라다 원단, 호피 원단, 빨간색 천, 짙은 갈색 천, 카멜색 천, 인조 무스탕) 약간씩, 니켈 체인 9cm, 갈색 가죽 테이프 약간, 42cm 검정 가죽 핸들 1set, 마그네틱 단추 1set, 바닥용 4온스 퀼트솜 10 x 43cm 1장, 2온스 퀼트솜 3 x 3cm 2장, 먹지, 두꺼운 종이

재단하기 전체 시접 1cm 포함된 치수

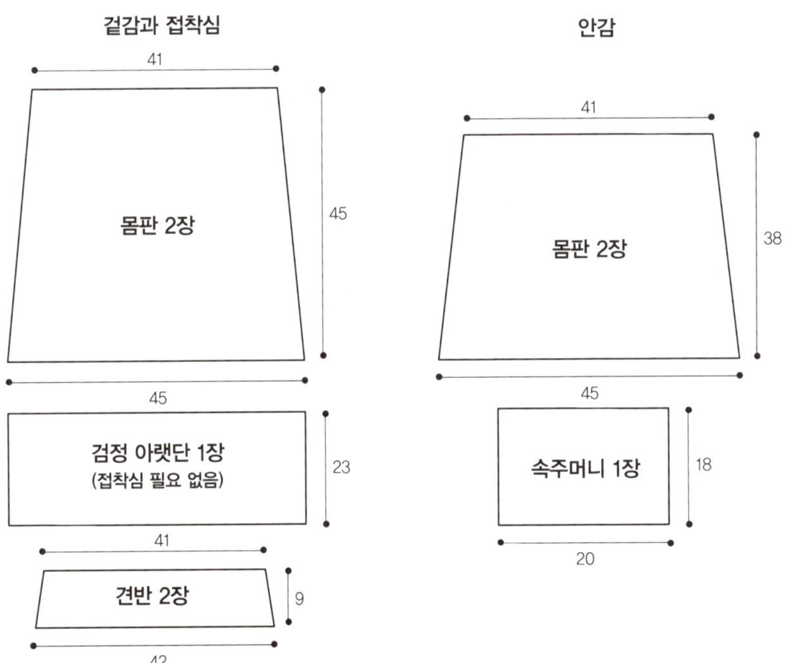

01

겉감 안쪽에 접착심을 모두 붙인다.

02

도안대로 오린 부츠를 겉감에 균형 있게 배치하여 아플리케한다. 이때, 몸판의 아랫부분 6cm 정도는 검정 프라다 천으로 가려지는 부분이므로 이를 감안하여 도안을 배치해야 한다. 2번 부츠의 장식선은 재봉틀의 단춧구멍 스티치 1로 표현하고, 갈색 가죽 테이프를 지름 1.5cm 정도의 동그라미로 오려 단추처럼 손바느질로 장식한다. 3번 부츠의 양털은 무스탕 안쪽 면을 이용하여 미싱으로 장식하고, 5번 부츠에는 체인 양끝을 바느질로 고정하여 달아준다. 뒤 몸판에도 검정 롱부츠를 아플리케한다.

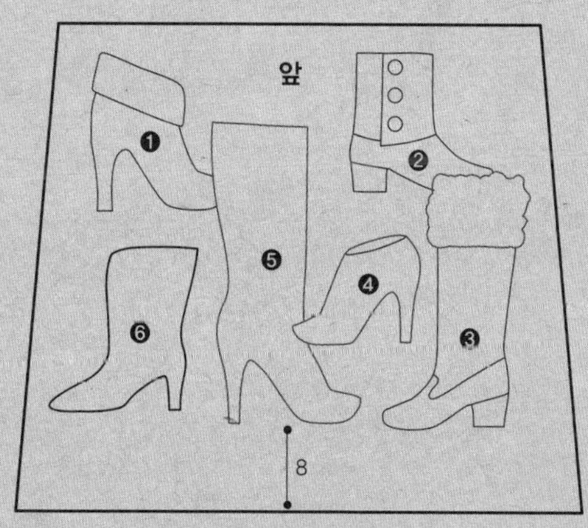

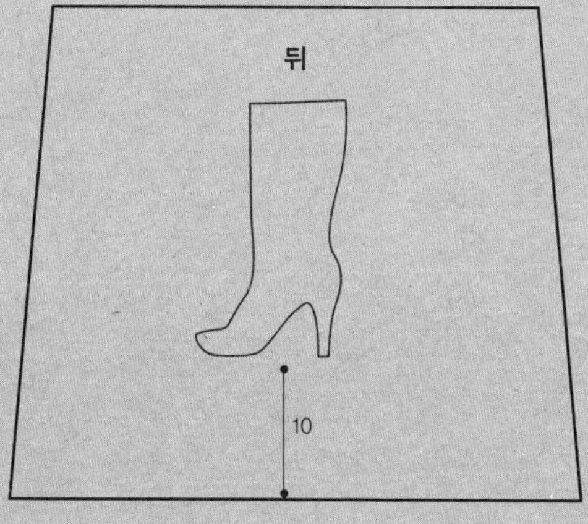

03

앞뒤 몸판의 겉끼리 맞대고 밑변을 박아 연결하여 가름솔로 다림질한다. 검정색 아랫단은 위 아래를 1cm
접어 다림질하여 밑변 정중앙에 맞춰 시침핀으로 고정하고 0.1cm 상침한다.

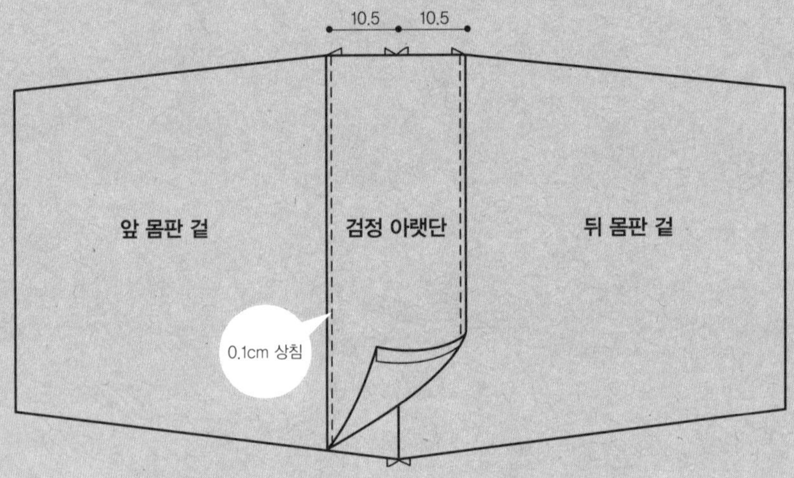

04

견반의 겉과 안감의 겉을 맞대고 1cm 시접으로 박아 연결하고, 안감에 안주머니를 만들어 단다. 안감도 3번
과 같이 박아주고 안감의 안쪽에 바닥용 4온스 솜을 박아 고정한다.

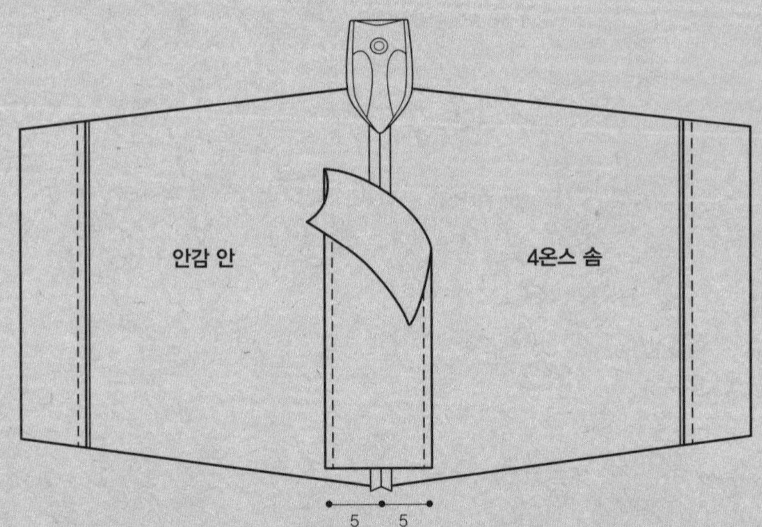

05

겉감의 겉끼리 맞대고 반을 접어(이때 겉으로 드러나는
검정 아랫단의 앞뒤 판 끝을 잘 맞춘다) 양옆을 박는다.
밑면을 만들어 주기 위해 모서리를 세모꼴로 접어 10cm
박고, 여분 1cm 남기고 모서리는 잘라낸다.

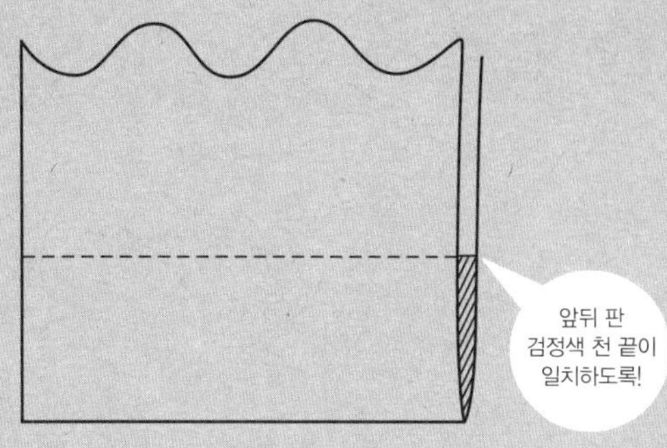

06

속통도 5번과 같이 만들어 준다. 단 한쪽 옆선에 창
구멍을 13cm 남긴다.

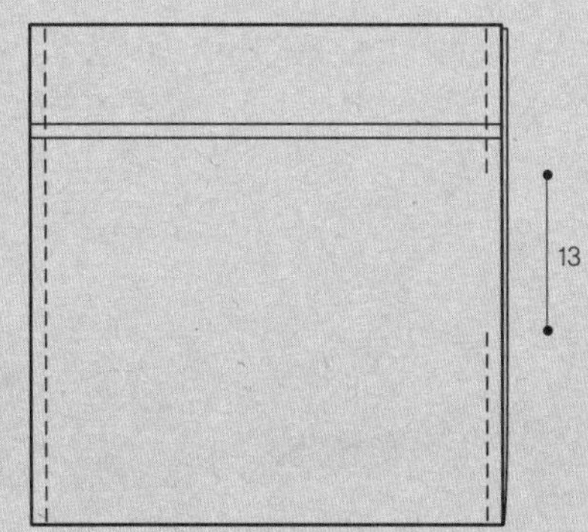

07

겉통이 겉과 속통의 겉끼리 밎닿게 끼워놓고 핸들의 위치를 표시하고 핸들을 끼워 입구를 1cm 시접을 남기
고 박는다. 창구멍으로 가방을 뒤집어 입구를 정돈하고 0.1cm 상침한다.

08

창구멍을 통해 마그네틱 단추를 달고, 창구멍을 막아 완성한다.

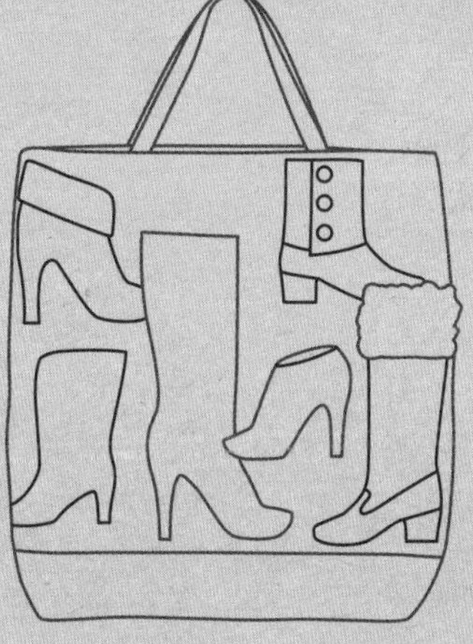

리버시블 토트

재료

카멜색 코팅리넨 1마, 꽃무늬 천 1마, 망사심 1마, 접착심 : 4×48cm 2장, 4온스 바닥 솜 38×10cm 1장, 장식용 단추

재단하기 전체 시접 1cm 포함된 치수, 망사심 없이 2장의 원단만 갖고 만들어도 무방함.

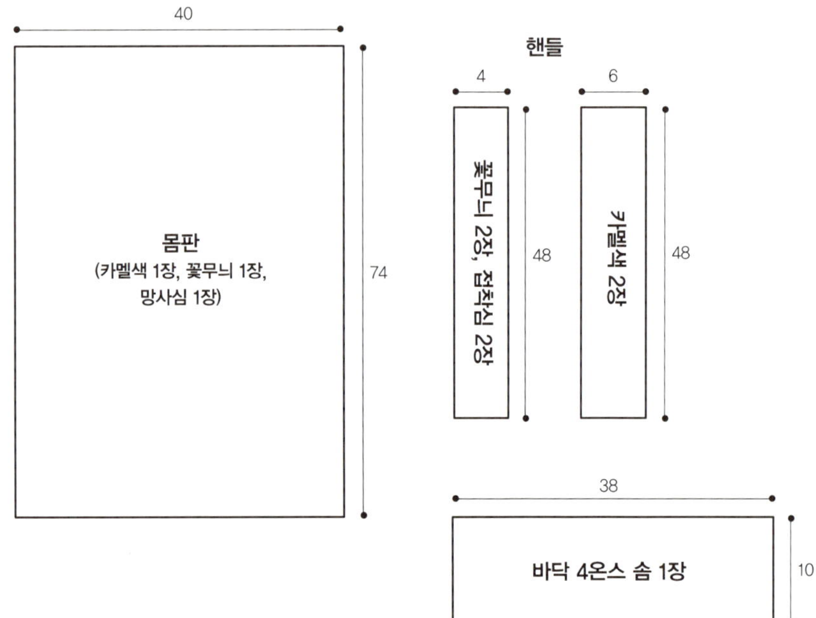

01

2개의 핸들을 만든다.

규격에 맞춰 원단을 재단하고, 꽃무늬 천 안쪽에 접착심을 붙인다. 꽃무늬 천과 카멜색 천의 겉끼리 맞대고 한쪽 옆선을 1cm 시접으로 박는다. 다른 한쪽도 두 천의 끝을 맞춰서 박고 뒤집는다(71쪽, 레오파드 8번 그림 참조). 꽃무늬 천 양쪽에 카멜색 원단이 0.8cm 정도씩 보이도록 모양을 잡아 다림질한다. 양옆을 0.7cm 상침한다.

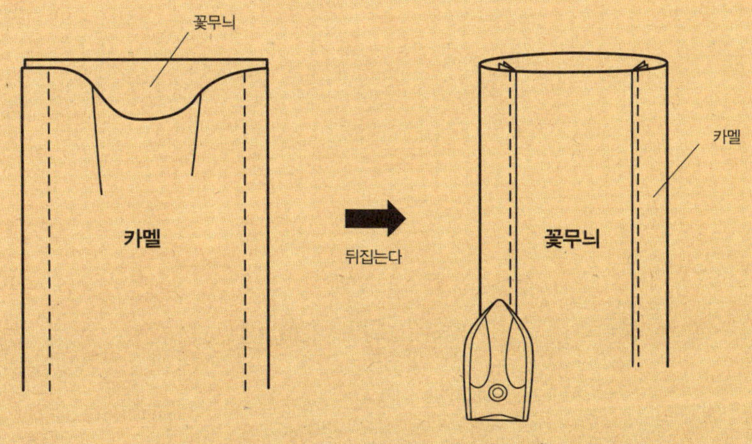

02

망사심의 중간 부분에 바닥용 솜을 큰 땀으로 미싱하여 고정한다.

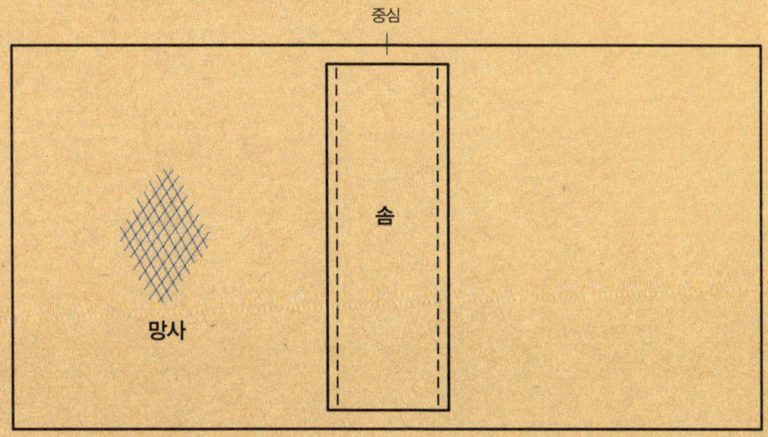

03

꽃무늬 천 안쪽에 망사심을 덧대어 시침핀으로 고정하고 가로로 반 접어 양옆을 1cm 시접으로 박는다. 한쪽
은 중간에 창구멍을 남기고 박는다. 옆선 시접을 가름솔로 다림질하고 바닥 귀퉁이 부분을 세모꼴로 잡아 바
닥면을 만들어 준다.

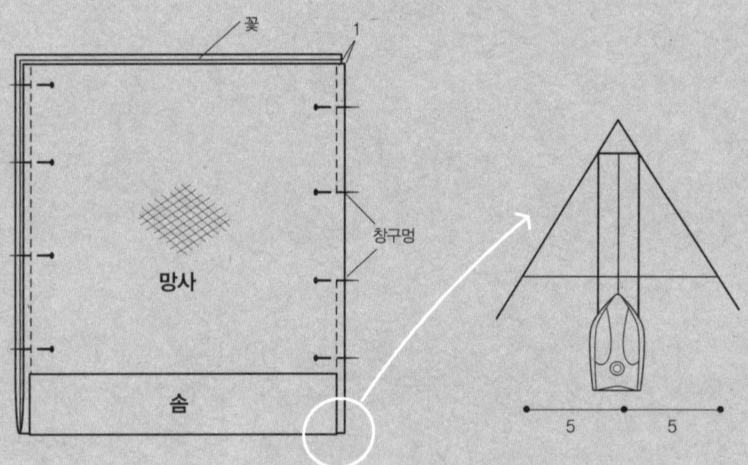

04

카멜색 천도 가로로 반 접어 양옆을 1cm 시접으로 박고 바닥면을 만들어준다.

05

카멜색 몸통의 겉과 꽃무늬 몸통의 겉이 마주보도록 끼워놓고, 시침핀으로 입구를 고정한다. 핸들의 카멜색
부분과 몸판의 카멜색 부분이 마주보도록 핸들을 끼우고, 시침핀으로 고정한 다음, 입구 부분을 1cm 시접으
로 박는다.

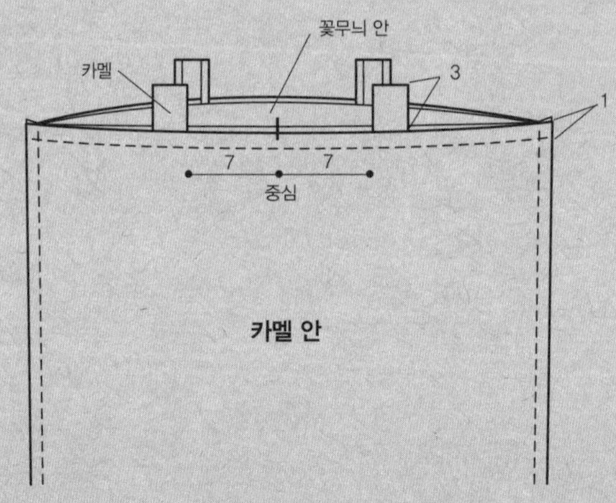

창구멍으로 가방을 완전히 뒤집고 입구 부분을 다림질한 후, 0.1cm 상침한다.

07

창구멍을 통해 카멜색 천에만 장식 단추를 달아주고,
창구멍을 막아 완성한다.

티아라

재료

자가드 리넨 대폭, 두꺼운 접착심, 안감 3분의 2마씩, 3mm 폭 매시 핸들 1m, 흑진주 3mm, 백진주 5mm, 다이아 5mm와 8mm, 루비 8mm, 오팔색 1mm 비즈 약간, 자개 장식 1개, 바닥용 4온스 퀼트솜 29×12cm 1장, 2온스 퀼트솜 3×3cm 2장, 마그네틱 단추 2set, 먹지

재단하기 전체 시접 1cm 포함된 치수

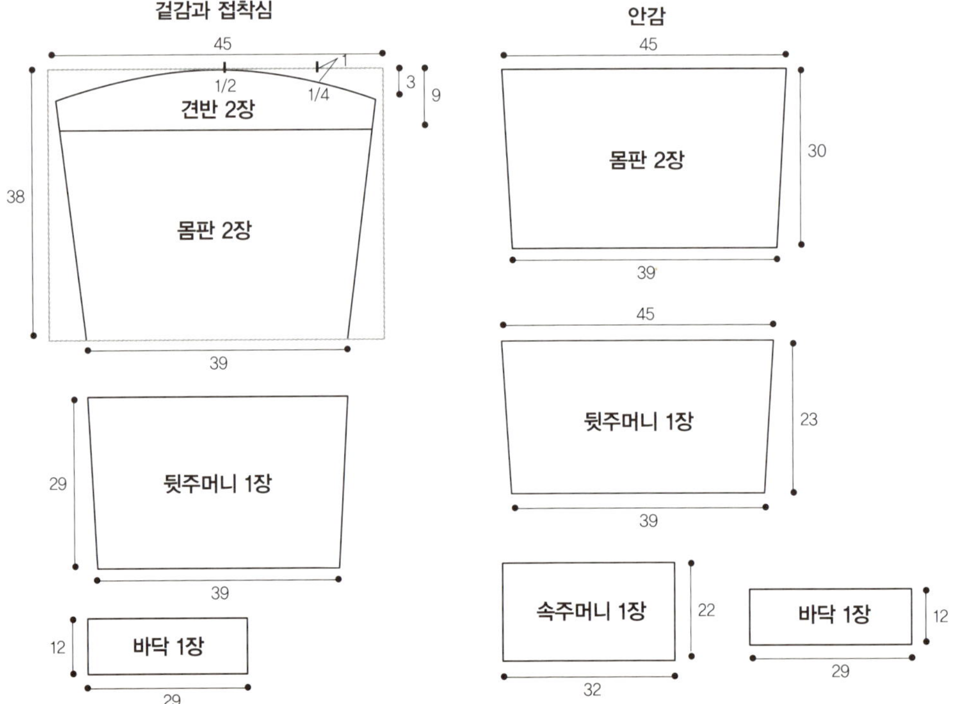

01

겉감의 안쪽에 접착심을 붙인다.

02

겉감의 중심 부분에 먹지와 도안을 이용하여
티아라를 그려넣고, 실과 바늘을 이용하여
비즈를 달아준다.

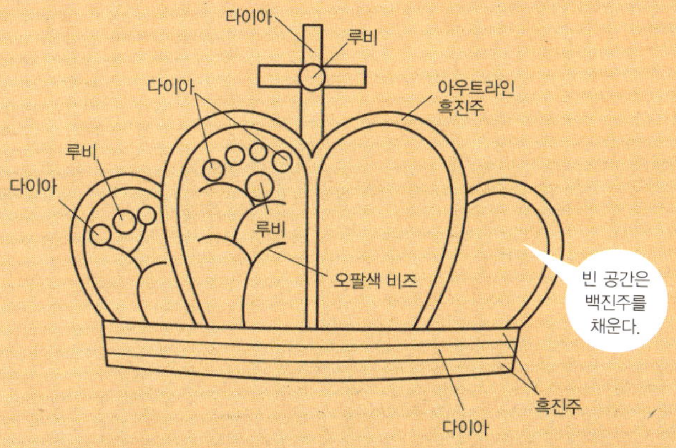

03

a~d의 순서대로 뒷주머니를 만든다.

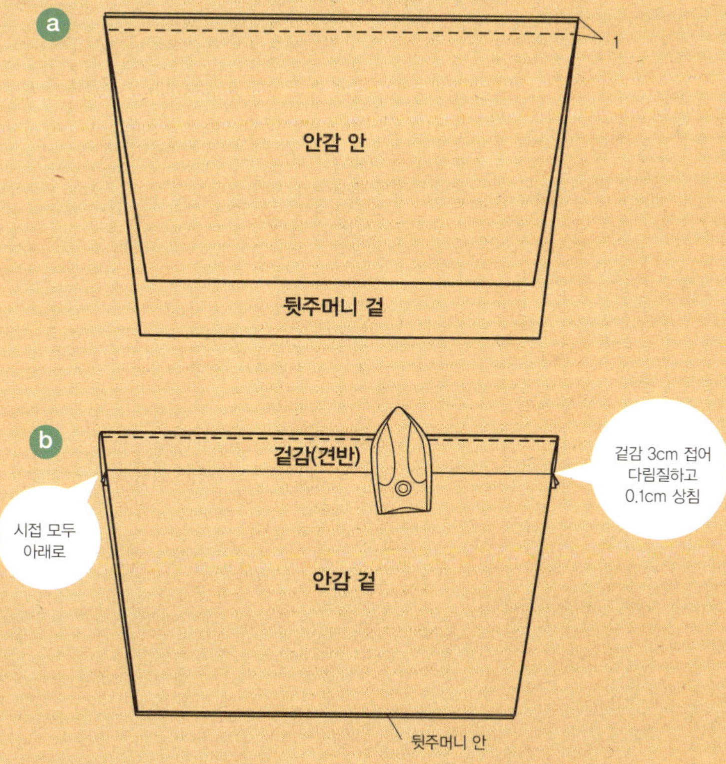

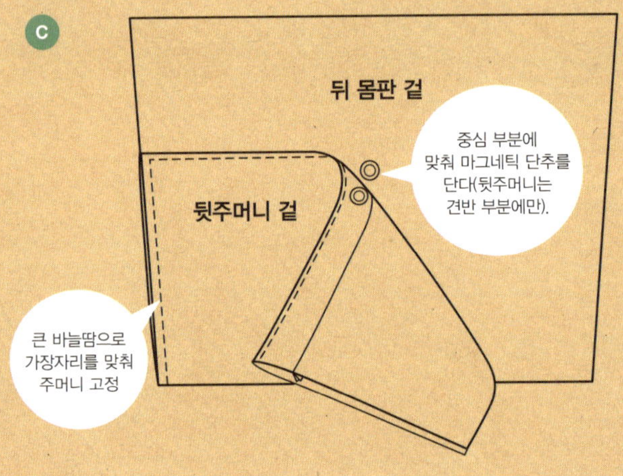

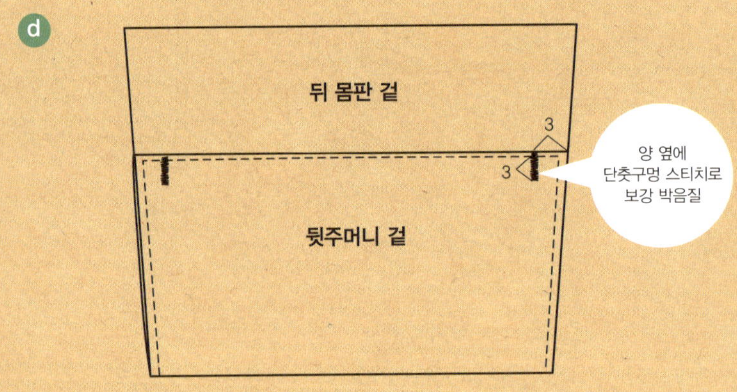

04

견반의 겉과 안감의 겉을 맞대고 시접 1cm로 박아 연결한다. 안주머니를 만들어 단다.

05

겉감 몸판의 겉끼리 맞대고 양옆을 박아 가름솔로 다림질한다. 바닥을 연결한다.

06

안감 바닥의 안쪽에 4온스 퀼트솜을 박아 고정한다. 안감 몸판도 5번과 마찬가지로 만든 후 바닥을 연결한다. 한쪽 밑변에 15cm 가량 창구멍을 남긴다.

07

겉통과 안감의 겉끼리 맞닿게 끼워 놓고, 핸들이 달릴 위치를 표시한다. 매시 핸들은 50cm 길이로 잘라내
2줄을 만들어 겉통과 속통 사이에 끼워 입구를 1cm 시접으로 박는다. 입구의 곡선 부분 시접에 3cm 간격
의 가윗밥을 넣어 준다.

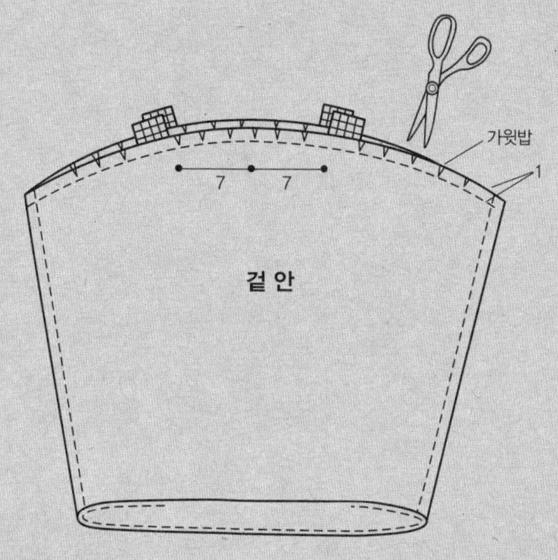

08

안감의 창구멍을 통해 뒤집어서 가방 입구 겉감이 안감 쪽으로
0.1cm 넘어오도록 정돈하여 다림질하고 0.2cm 상침한다.

09

창구멍을 통해 마그네틱 단추를 달고, 창구멍을 막는다.

10

겉주머니 입구 부분에 자개 장식을 달아 완성한다.

블루 로즈

재료

하늘색 면마, 두꺼운 접착심 각 3분의 2마씩, 안감 2분의 1마, 지름 10cm의 장미 모티브 테이프 2마,
가죽 핸들 1마, 마그네틱 단추 1set

재단하기 전체 시접 1cm 포함된 치수

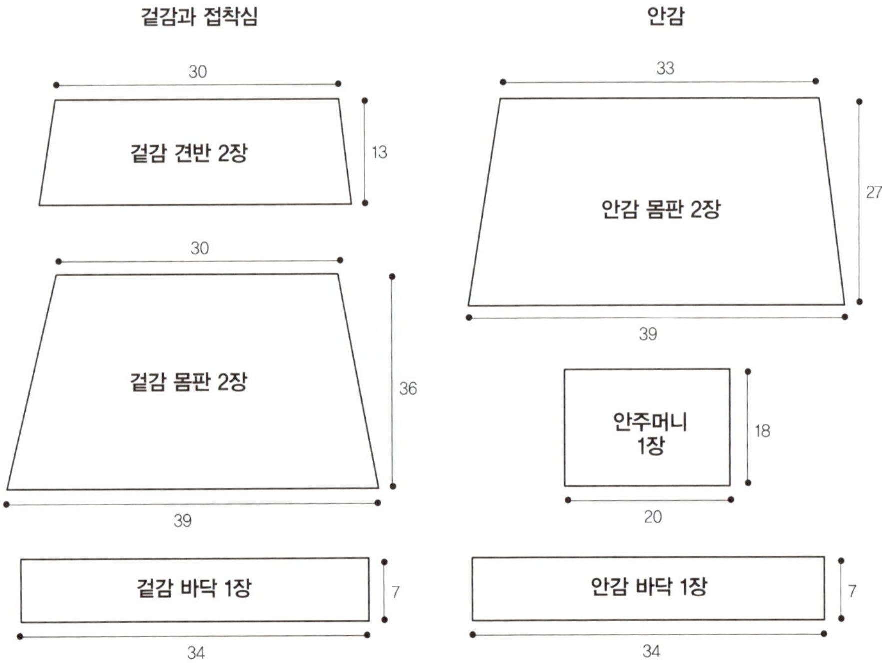

01

재단한 겉감에 접착심을 붙인다.

02

테이프 형태로 파는 장미 모티브는 가위로 하나씩
잘라 분리한다. 장미 모티브를 겉감에 균형 있게
배치하여 시침핀으로 고정해 놓고, 중심 부분에
원을 그리며 미싱으로 고정한다. 가방이 완성되
었을 때 장미가 입구 부분 위와 가방 옆으로 살짝
삐져나오도록 달면, 더욱 입체적인 느낌이 산다.

03

겉감의 앞뒤 몸판에 징미를 모두 난 후, 봄판 겉과 겉을 맞대고 윗트임 부분 위에서 6cm를 제외하고 양
옆을 박는다. 이때 장미 모티브를 함께 박지 않도록 주의한다. 가름솔로 다림질하고 바닥을 연결한다.

04

견반과 안감의 겉을 맞대고 연결한 후, 안주머니를 단다. 3번과 마찬가지로 윗트임 6cm를 남기고, 옆선을 박아 가름솔로 다림질한다. 창구멍을 남기고 바닥을 연결한다.

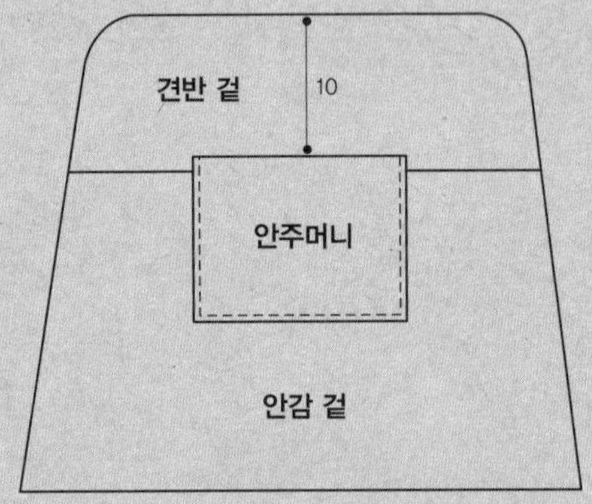

05

핸들을 2분의 1로 나눠 자른다. 겉통과 속통의 겉끼리 맞대고 끼워놓고 핸들이 달릴 자리를 표시하여 핸들과 겉감이 맞닿도록 끼워놓고 입구를 1cm 시접으로 박는다.

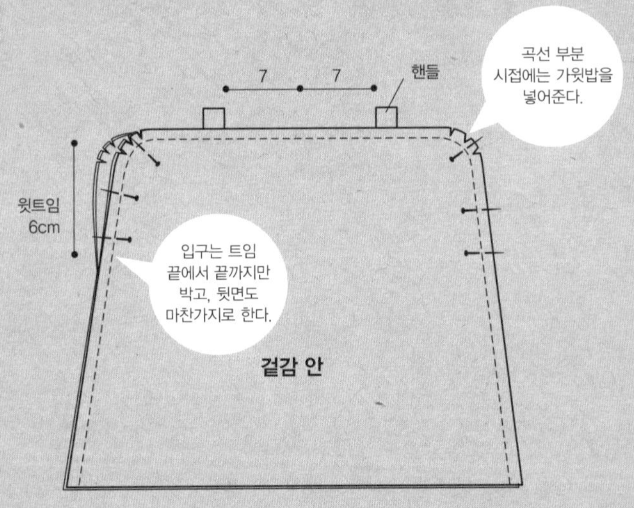

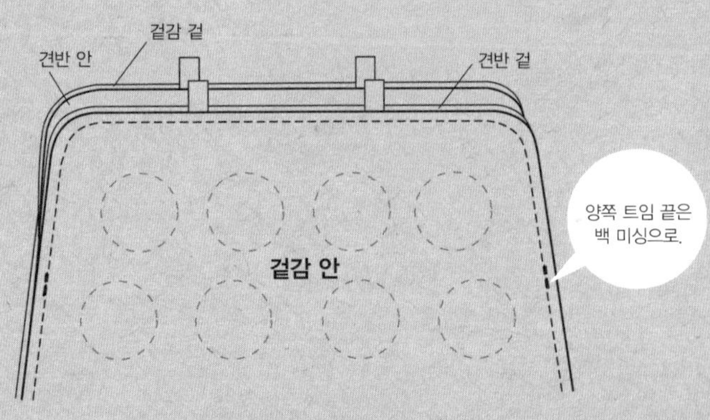

창구멍으로 뒤집어서 다림질로 입구를 정돈하고 모티브를 함께 박지 않도록 주의하며, 입구 둘레를 0.2cm 상침한다. 양옆 트임 끝은 미싱의 단춧구멍 스티치로 2cm로 박아 고정시킨다.

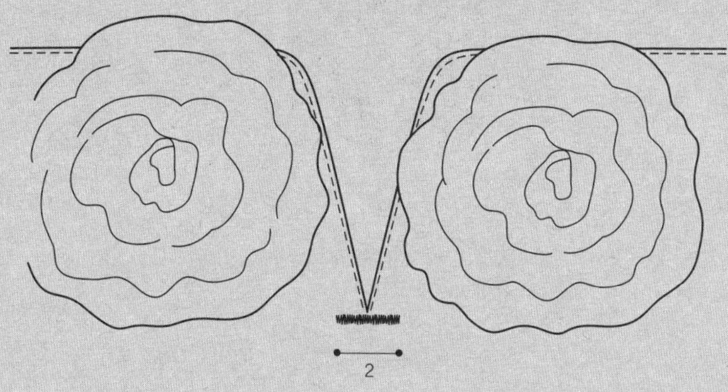

07

창구멍을 통해 가방 안쪽에 마그네틱 단추를 달고 (입구에서 5cm 아래) 창구멍을 막아 완성한다.

러브 체인

재료

성글게 짠 검정색 선염리넨, 베이지색과 검정색 리넨(이중 안감용) 각 50×100cm씩, 베이지색 안감은 주머
니 분(20×20)만큼 더, 러브체인 토손 2마, 지름 21cm 원형 대나무 핸들 1set, 검정색 의류용 접착심 약간

재단하기 전체 시접 1cm 포함된 치수

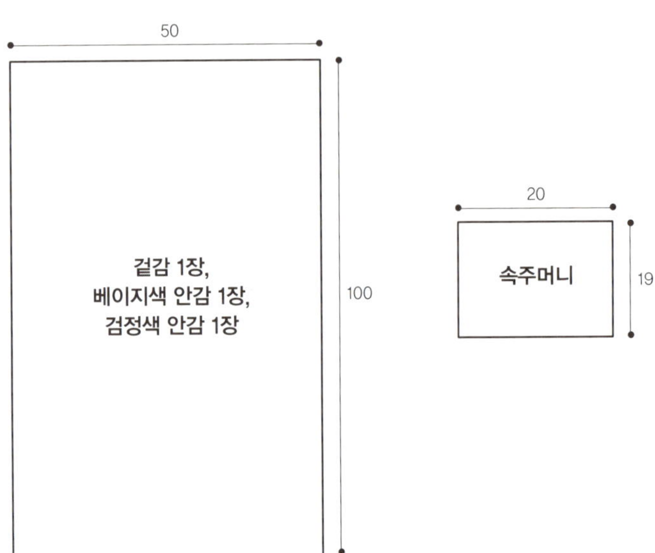

01

겉감에 쓸 성글게 짠 리넨은 올이 풀리기 쉬우므로 위와 아래 부분 끝에 검정색 의류용 접착심을 3cm 폭으로
잘라 안쪽에 다림질하여 붙여 놓는다.

02

겉감은 겉과 겉이 맞닿도록 반으로 접어 윗트임을 20cm 남기고 시접 1cm로 옆선을 30cm만 박는다.
뒤집어서 다림질하여 옆선을 정돈하고 양옆을 0.3cm 상침한다.

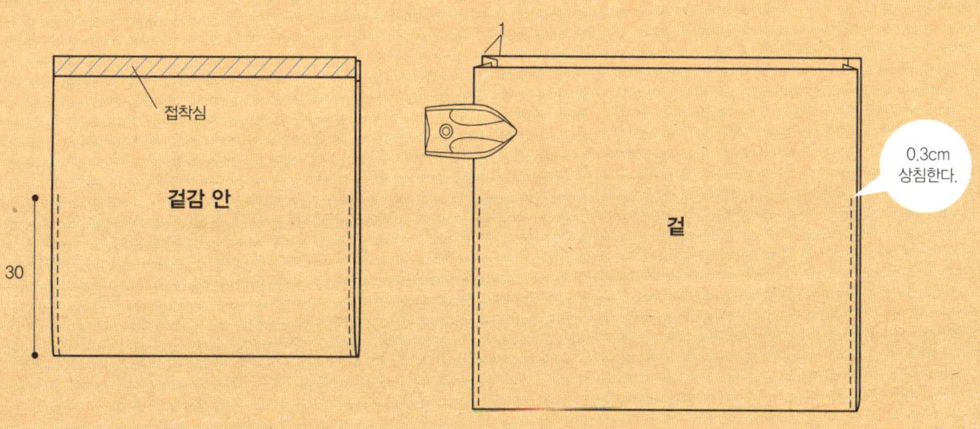

03

베이지색 안감으로 속주머니를 만들어 베이지색
안감 겉에 달고(입구로부터 16cm 아래), 안감은
그림과 같이 조합하여 마찬가지로 트임을 남기고
시접 1.5cm로 옆선을 박는다. 시접은 0.5cm 남
기고 잘라낸다.

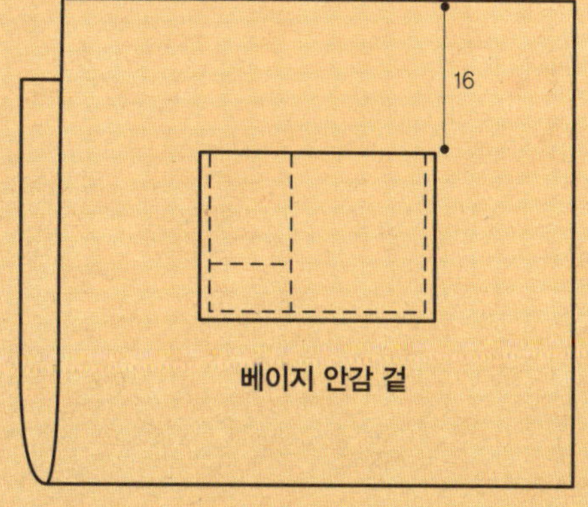

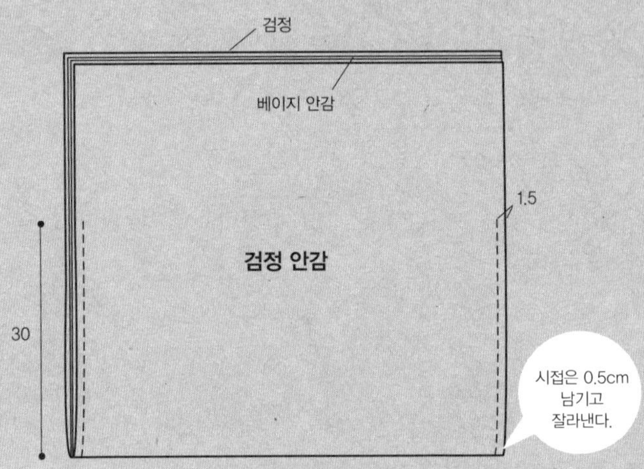

04

겉통과 안감 속통의 안끼리 맞대고 끼워놓고, 트임 부분을 공그르기로 연결한다.

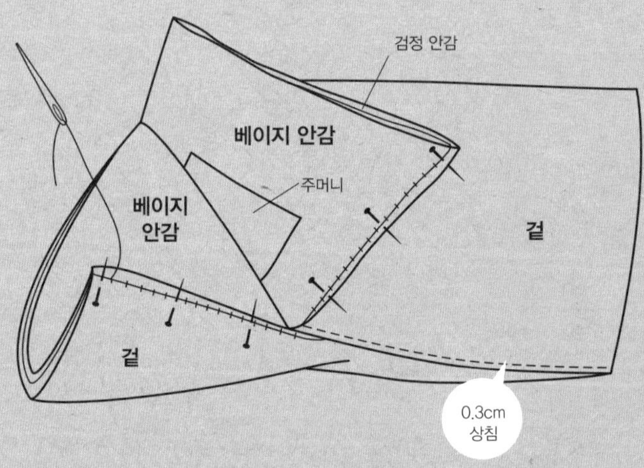

트임 부분으로 대나무 핸들을 감싸서 공그르기 해준다.

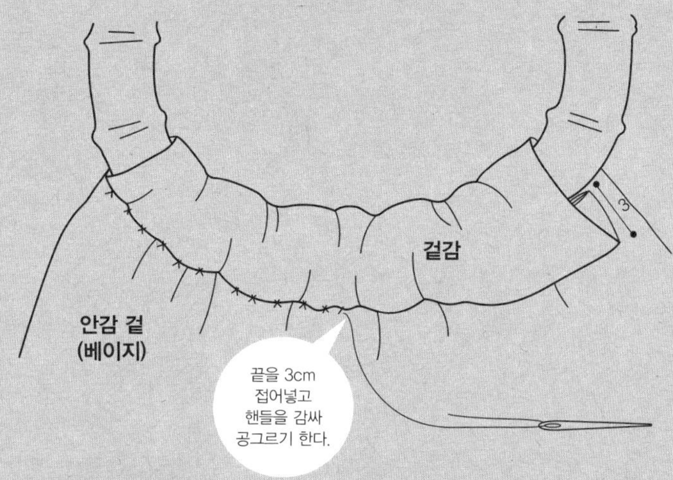

토손은 4등분하여 양 옆선에 2줄씩 시침질하여 단다. 완성!

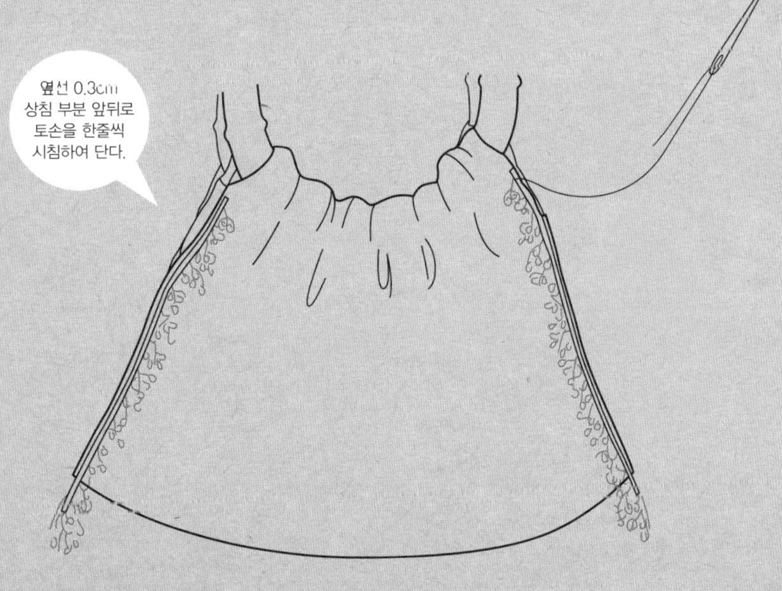

세트 메뉴

재료

카멜색 겉감, 두꺼운 접착심, 안감 각 대폭 2분의 1마씩, 아플리케용(깃털과 사과–빨강, 노랑, 파랑/얼굴과 발–흰색, 회색, 검정/벌레–녹색/앵무새 눈–짙은 색 5mm 스팽글 1개/벌레 눈–검정 2mm 구슬 2개) 바닥용 4온스 솜 약간, 길이 33cm 폭 1cm의 가죽 핸들 1set, 가죽 스냅 단추 1set, 먹지, 두꺼운 종이

재단하기 전체 시접 1cm 포함된 치수

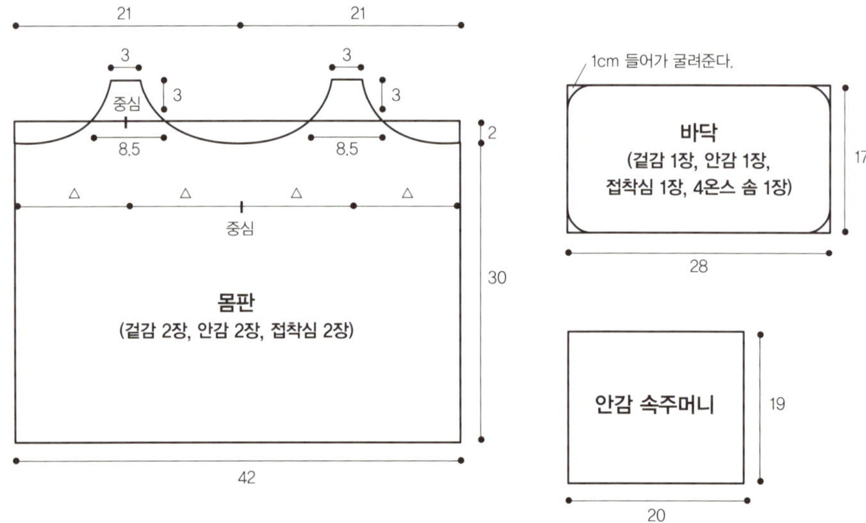

01

몸판 겉감에 접착심을 붙인다.

02

이 가방에서는 시접을 접어넣지 않고 미싱의 단춧구멍 스티치를 이용한 아플리케를 해 본다. 먹지를 이용해 두꺼운 종이에 부록의 도안을 베끼고 각 부위를 오린다. 이것을 각 부위에 해당되는 색 천에 대고 수정펜으로 베낀 후, 대부분의 패치는 시접 없이 오린다.
단, 파랑 깃털과 노랑 깃털은 각각 윗부분이 겹쳐지게 놓아야 하므로 그 부분만 여분을 1cm 정도 두고 오린다. 얼굴의 흰 부분도 맨 아래에 놓아야 하므로 여분을 1cm 정도 두고 오린다.

03

패치를 균형에 맞춰 배치하고 시침핀으로 고정한다. 미싱의 단춧구멍 스티치 1로 각 패치의 가장자리를 박아 준다. 눈은 스팽글과 비즈로 장식하고 사과 꼭지는 백 스티치로 묘사한다.

04

겉감의 겉끼리 맞대고 양옆을 박아 가름솔로 다림질한 다음, 몸판 겉과 바닥의 겉을 맞대고 시침핀으로 고정
하여 시접 1cm로 박는다. 시침핀으로 고정할 때 몸판의 시접 코너 부분에 가윗밥을 2개 정도 넣어주면 코너
가 깔끔하게 연결된다.

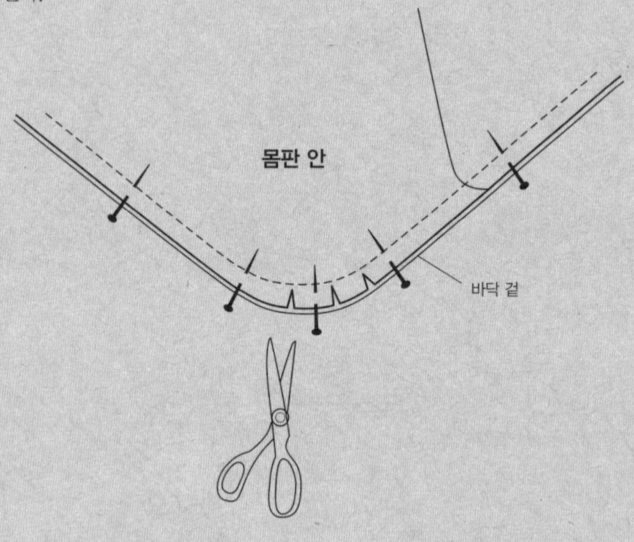

05

속주머니를 만들어 안감에 달고, 안감 바닥에 4온스 솜을 박아 부착한다. 4번과 같은 방법으로 안감 속통을
만들고, 창구멍은 남긴다.

06

겉통과 안감의 겉끼리 맞닿게 끼워서 입구 부분을 시
침핀으로 고정하고 핸들을 끼워 시접 1cm로 박는다.
곡선 시접에는 가윗밥을 2cm 간격으로 넣어준다.

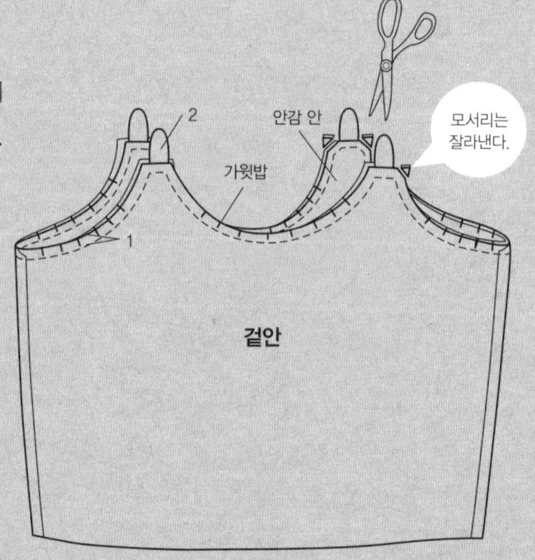

창구멍으로 뒤집어서 입구 부분을 정돈하여 다림질한 다음, 0.1cm 상침한다.

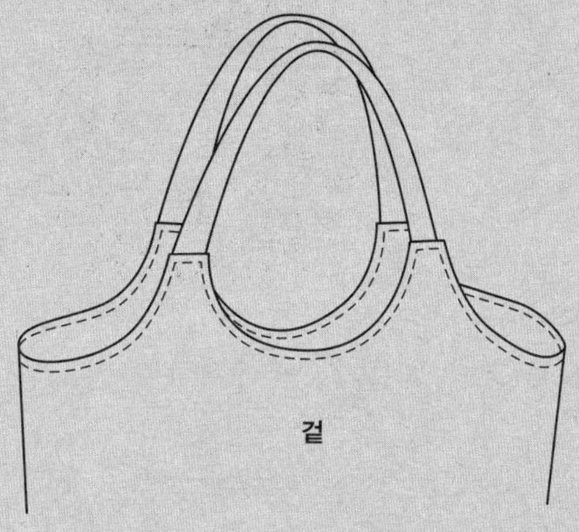

창구멍을 통해 가죽 스냅 단추를 달고, 창구멍을 막아 완성한다.

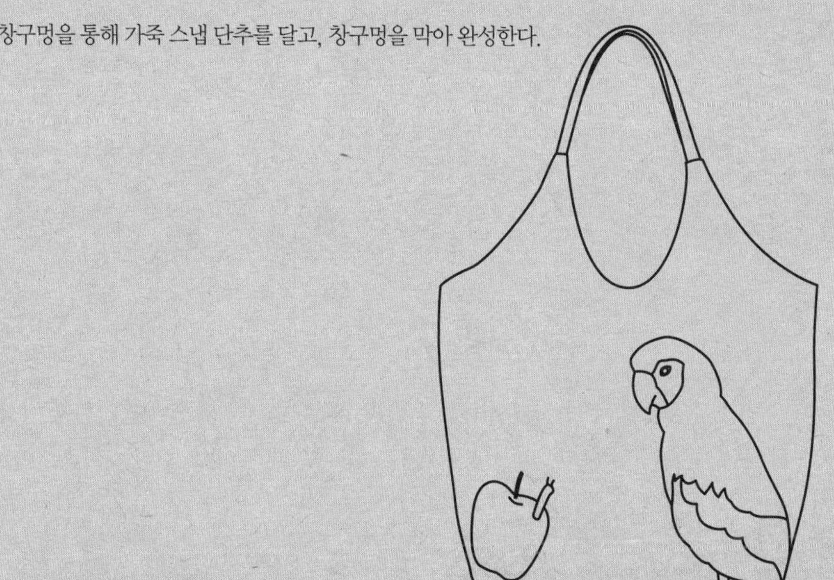

포도 모티브

재료

검정색 면마, 자수 안감, 두꺼운 접착심 각 2분의 1마씩, 포도 모양 아크릴 레이스 패치 1set, 검정 웨빙끈 45cm 2개, 마그네틱 단추 1set

재단하기 전체(속주머니 제외) 시접 1cm 더해 재단한다.

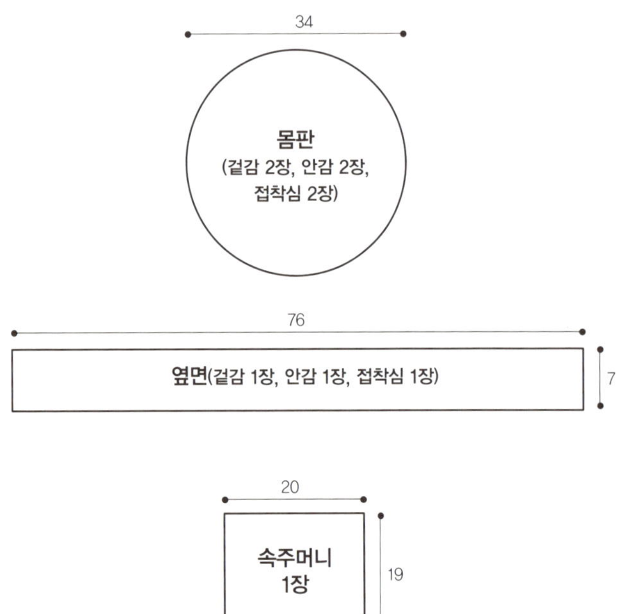

01

모든 겉감의 안쪽에 접착심을 붙인다.

02

레이스 패치를 겉감 중앙에 맞춰 배치하여 시침핀으로 고정하고 가장자리를 따라 조심스레 박는다.
포도 알맹이 부분과 잎사귀 부분도 부분부분 박아 고정시킨다.

03

속주머니를 만들어 재단해 둔 안감에 부착한다.

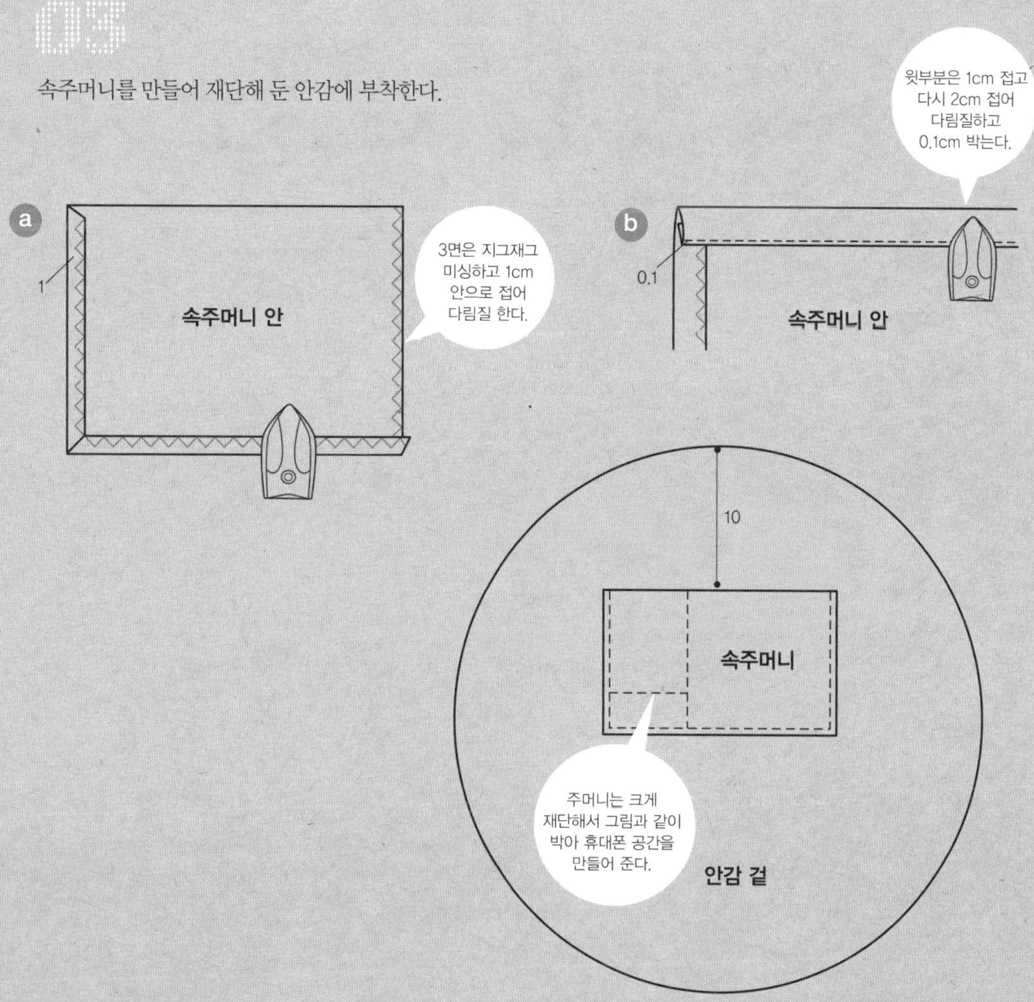

04

몸판의 겉과 옆면의 겉을 맞대고 시접 1cm로 박는다. 뒷면도 마찬가지. 시접 부분에는 3cm 간격으로 가윗밥을 내준다.

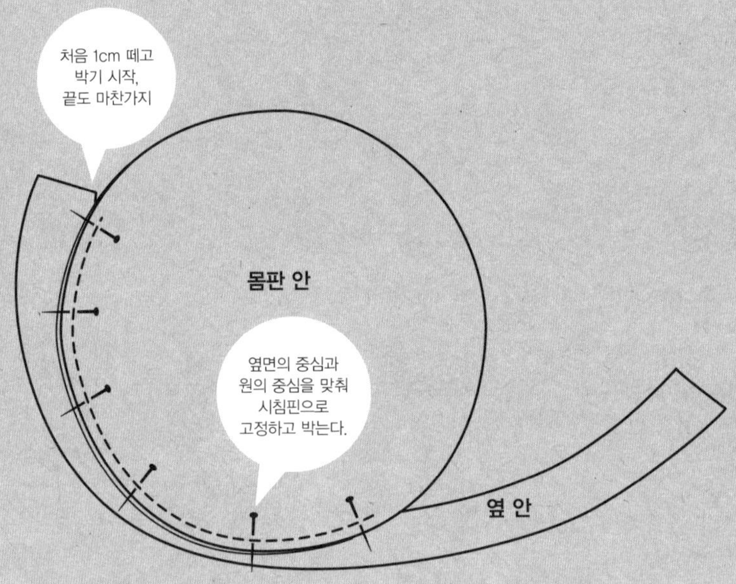

05

4번과 같은 방법으로 안감으로 속통을 만들고, 창구멍은 남긴다.

06

웨빙끈은 가운데 15cm를 반 접어 상침한다.

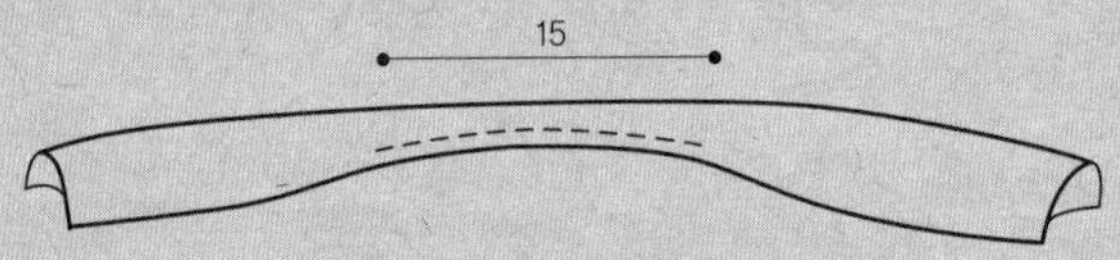

07

겉통의 겉과 속통의 겉이 맞닿도록 끼워놓고 핸들의 위치를 잡아 핸들의 겉과 겉감의 겉이 맞닿도록 끼워
시접 1cm로 박는다. 역시 시접에 2〜3cm 간격으로 가윗밥을 넣어준다.

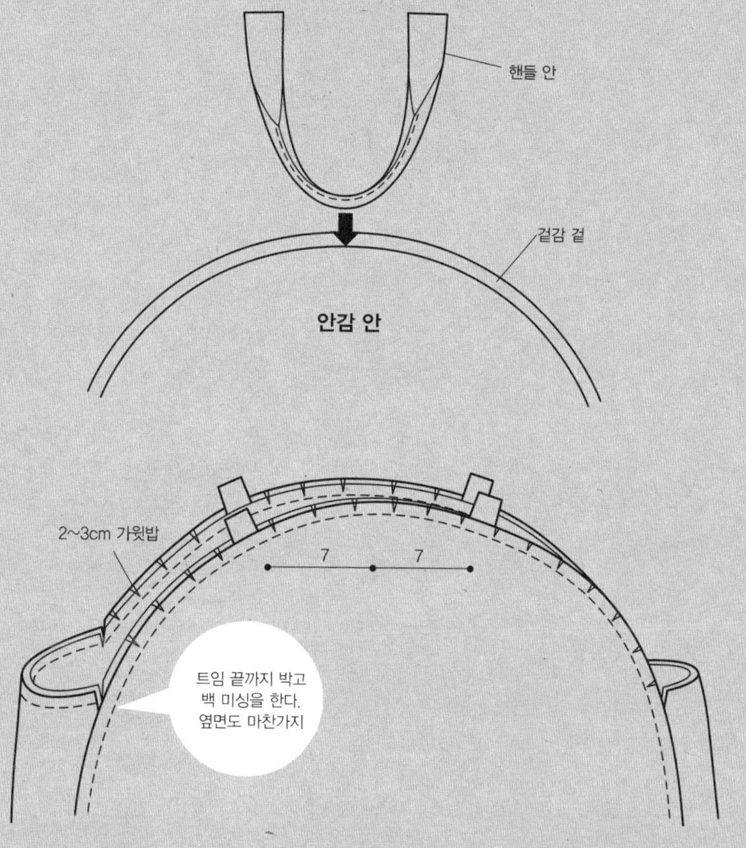

08

창구멍으로 뒤집어서 다림질하여 입구를 정돈하고,
입구를 0.1cm 상침한다. 창구멍을 통해 마그네틱 단
추를 달고, 창구멍을 막아 완성한다.

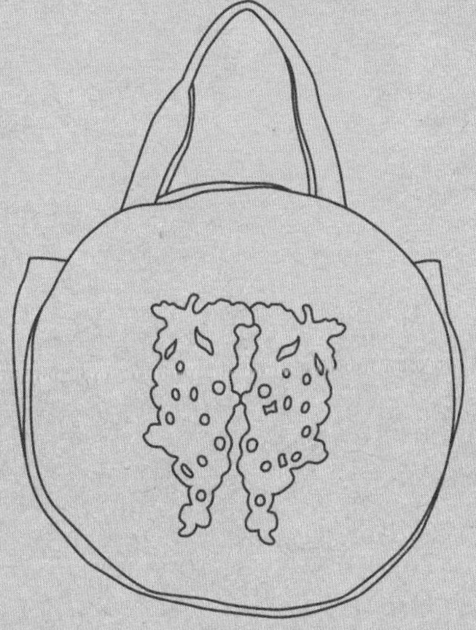

어린 왕자 가방

재료

입던 티셔츠, 두꺼운 접착심, 안감 3분의 2마, 70cm 노란색 플라스틱 지퍼 2개, 노란색 웨빙끈 1.5마, 가방끈 조리개와 가방 고리 1개씩

재단하기 전체 시접 1cm 포함된 치수

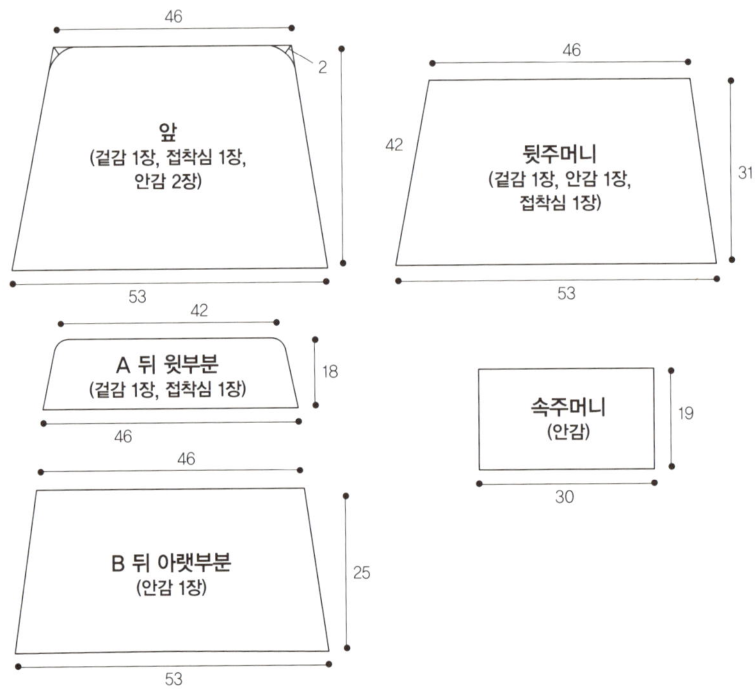

01

티셔츠의 앞뒤 판을 해체하고 예쁜 라벨은 손상되지 않게 잘 떼어 놓는다.
재단한 겉감에 두꺼운 접착심을 붙인다.

02

겉감이 부족하여 뒤판의 주머니 안쪽은 안감을 더해 재단했다.
a~e의 순서대로 A와 B를 연결하여 뒤판을 만들고 뒷주머니를 만들어 단다.

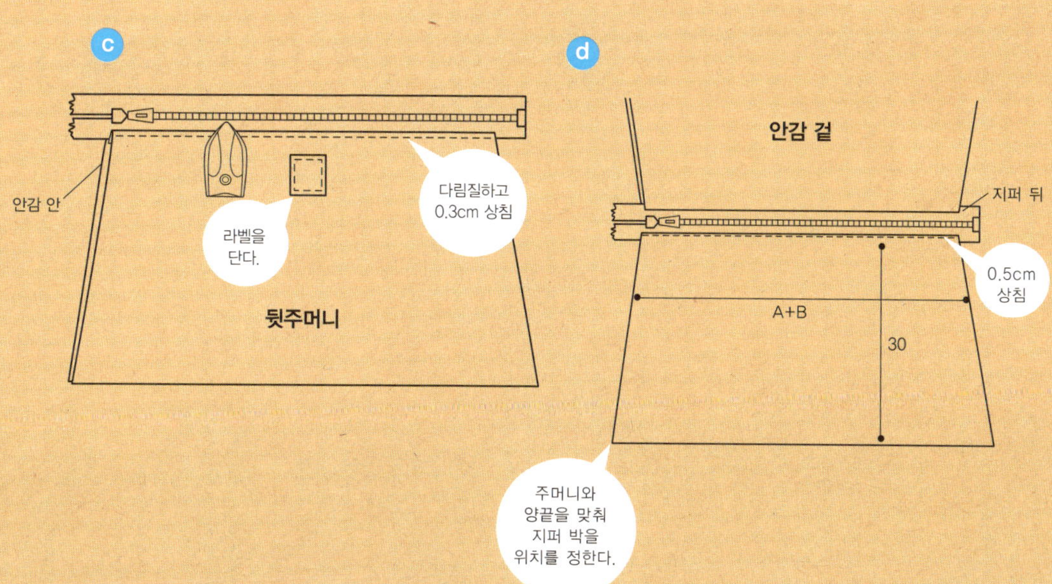

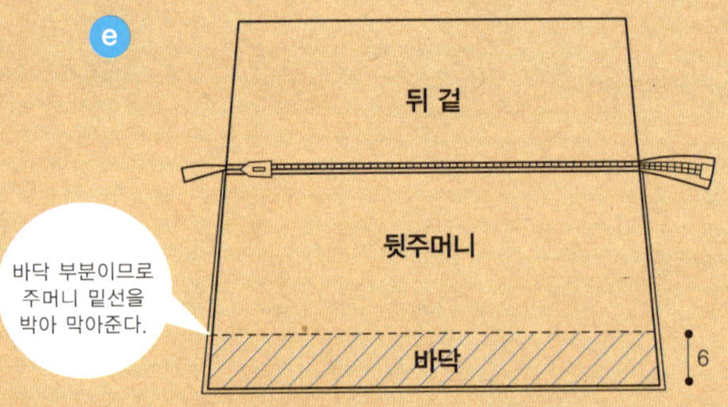

03

웨빙끈에 조리개를 끼워 어깨끈을 만든다.

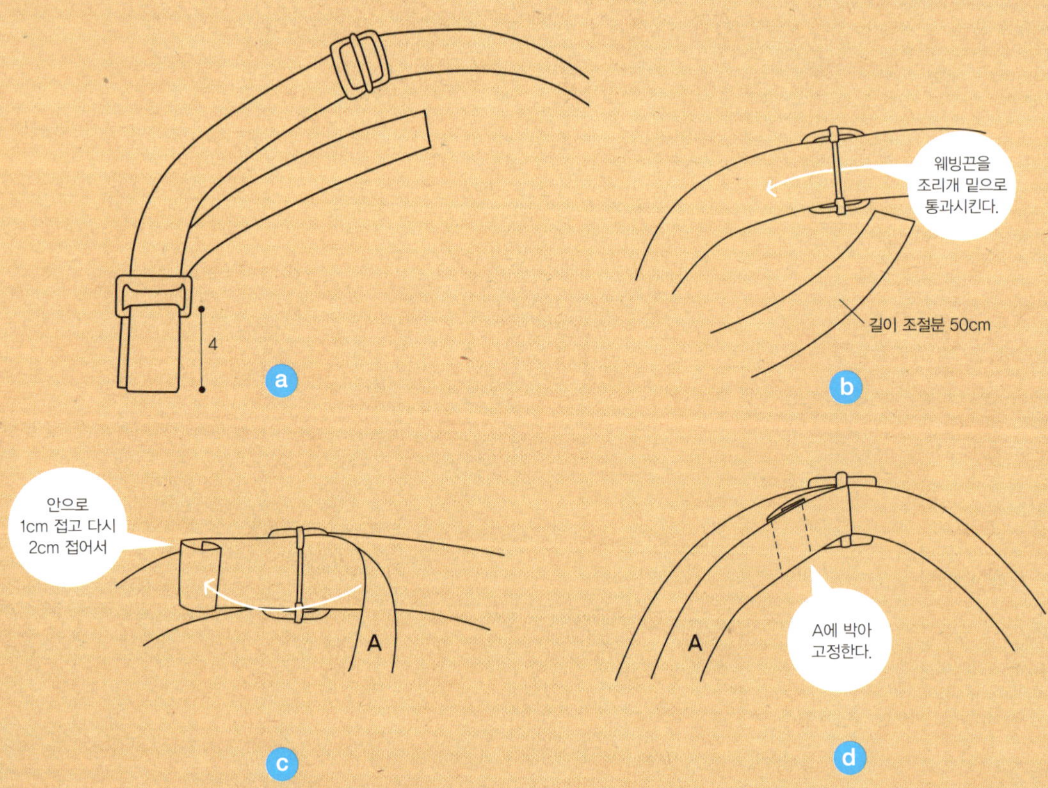

04

앞판의 입구에 지퍼 노루발을 이용하여 지퍼를 박고, 뒤판의 입구에도 지퍼의 나머지 한쪽을 박는다.
이때, 웨빙끈 위치에 끈을 시침핀으로 고정하고 함께 박는다.

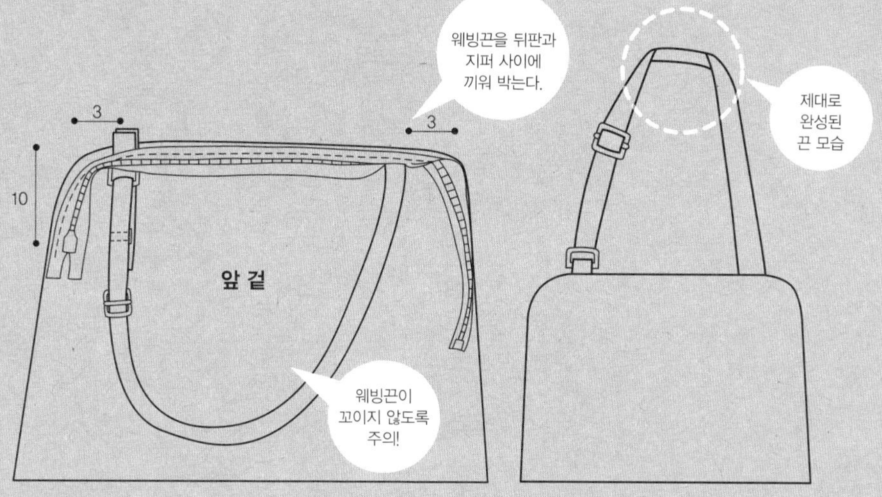

05

지퍼를 약간 열어 웨빙끈을 밖으로 빼놓고 양옆과 아래를 박는다. 바닥의 모서리를 세모꼴로 박아 바닥면을
만들어 준다. 지퍼의 여분은 잘라낸다.

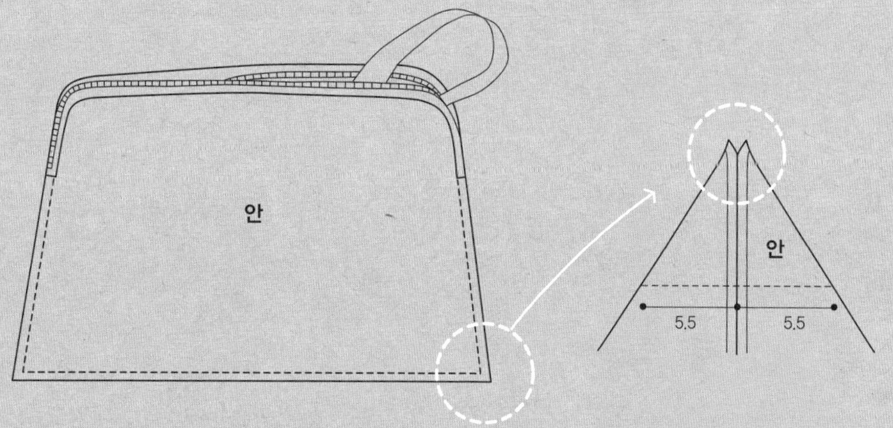

06

가방을 겉으로 뒤집어 측면 아래 부분에 티셔츠 목 뒤의 라벨도 장식으로 달아준다. 속주머니를 만들어 안감
에 박고, 속통을 만들어 겉통의 안과 속통의 안이 맞닿게 끼워놓고 속통의 입구 1cm를 접어넣고 반박음질로
지퍼에 고정시킨다(167쪽, 빵 8번 그림 참조).

바스켓 백

재료

왕골 바구니, 빨간색 깅엄 체크 리넨, 광목이나 캔버스 천 약간, 1cm 크기의 자개 단추와 글라스 비즈 15개 정도, 2.5cm 정도의 빨간색 하트 모양 글라스 비즈 4개, 폭 1cm 면 테이프 43cm 2줄, 손으로 짠 도일리 1개

재단하기

바구니의 가장 넓은 부분의 반지름과 높이와 바닥을 합한 길이를 줄자로 재서 속통을 만들 천(빨간색 깅엄 체크)을 재단한다. 그리고 바구니의 입구를 덮고 양옆으로 3cm 정도 늘어질 정도의 크기로 뚜껑(빨간색 체크 1장과 광목 1장)을 재단한다.

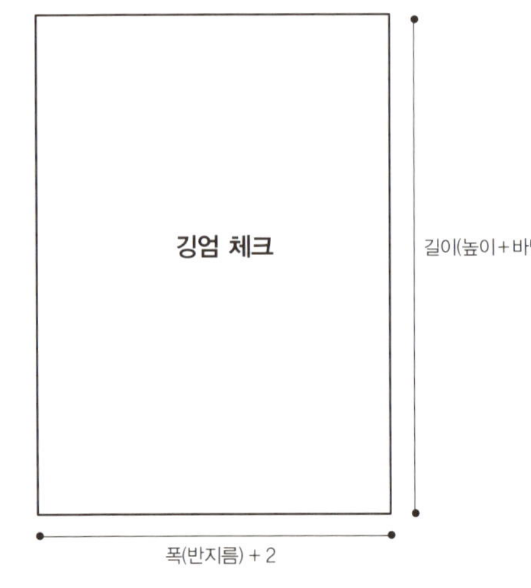

01

속통을 만든다. 깅엄 체크의 겉끼리 맞대고 반을 접어 양옆을 1cm 시접으로 박는다.
아래 세모꼴을 박아 바닥을 만들고, 입구는 1cm 접고 다시 2cm 접어 박는다.

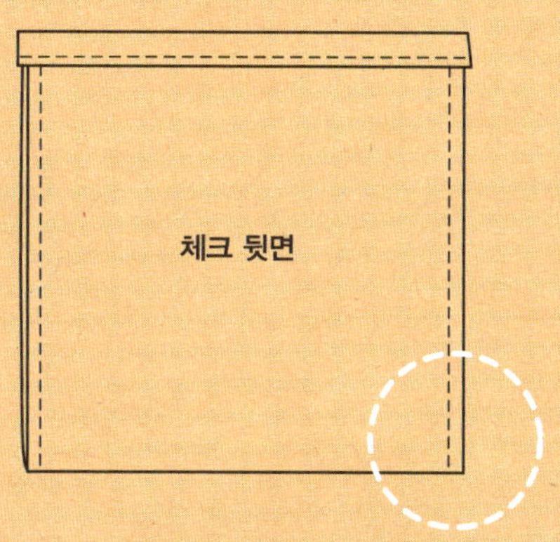

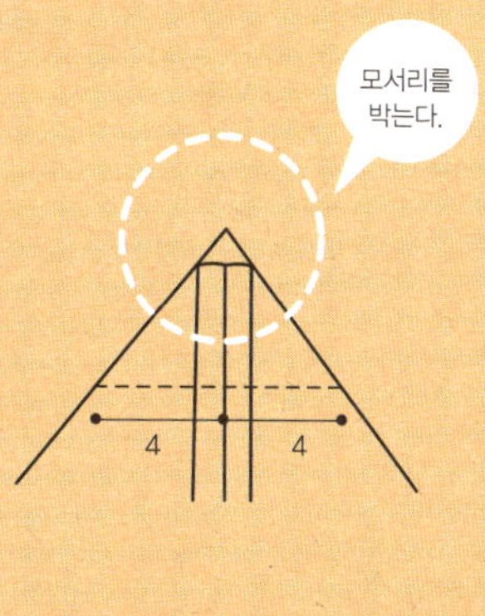

02

속통을 체크가 보이게 바구니 안에 앉히고 입구 밖으로 3cm 정도 덮이게 접어놓는다. 여분의 폭은 자연스럽
게 주름을 잡는다. 손으로 찐 도일리를 실과 바늘을 이용해서 단다. 손바느질로 바구니와 속통을 함께 고정해
준다.

03

자개 단추와 작은 글라스 비즈를 바구니의
틈새를 통해 실과 바늘로 드문드문 달아 장
식한다. 이때, 속통도 함께 바느질하여 고
정시킨다.

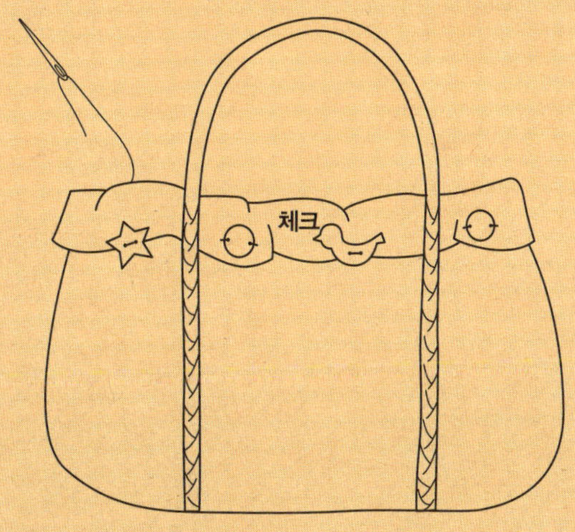

04

뚜껑으로 재단한 천(빨간색 깅엄 체크, 광목)의 겉끼리 맞대놓고 바구니의 핸들 위치를 표시하여 면 테이프를
시침핀으로 고정한다. 그런 다음 창구멍을 남기고 박는다. 창구멍으로 뒤집어 다림질로 정돈한 후, 0.1cm와
0.8cm 상침한다.

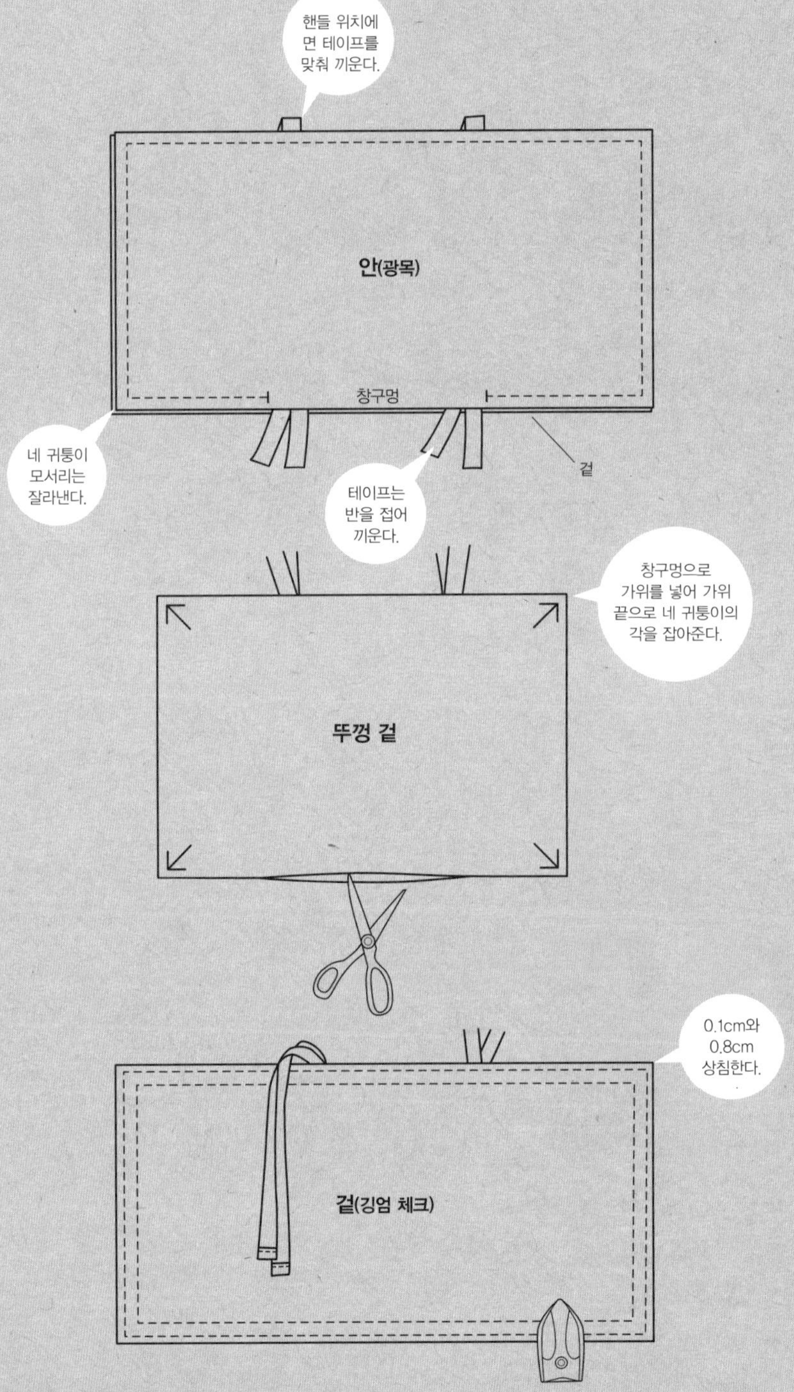

면 테이프 끝을 바구니의 핸들에 묶어 고정하고, 뚜껑의 모서리에
글라스 비즈를 달랑거리게 달아주어 완성한다.

면 테이프 끝을 바구니의 핸들에 묶어 고정하고, 뚜껑의 모서리에
글라스 비즈를 달랑거리게 달아주어 완성한다.

남자를 위한 가방

재료

연코코아색 면마 1마, 검정색 코팅 리넨 2분의 1마, 아플리케용 천 약간(남자 – 검정 코팅 리넨 / 바위 – 갈색 리넨 / 금발머리 – 노란색), 검정 웨빙끈 3cm 폭 150cm, 50cm 플라스틱 양방향 지퍼 1개, 고리 없는 20cm 검정 지퍼 1개, 폭 1.5cm 가죽끈 10cm 1개, 가방끈용 금속 조리개 1개와 사각 금속 고리 2개, 벨크로(찍찍이) 5cm, 옥스포드 안감 2분의 1마, 두꺼운 접착심 1마, 4온스 퀼트솜 42 x 15cm, 가방 소꼬발 4개, 검정 가죽 핸들 1set, 트레싱지, 먹지, 두꺼운 종이

재단하기   전체 시접 1cm 포함된 치수

겉감 (뒷주머니를 제외한 전체 겉감과 동일하게 접착심 재단)

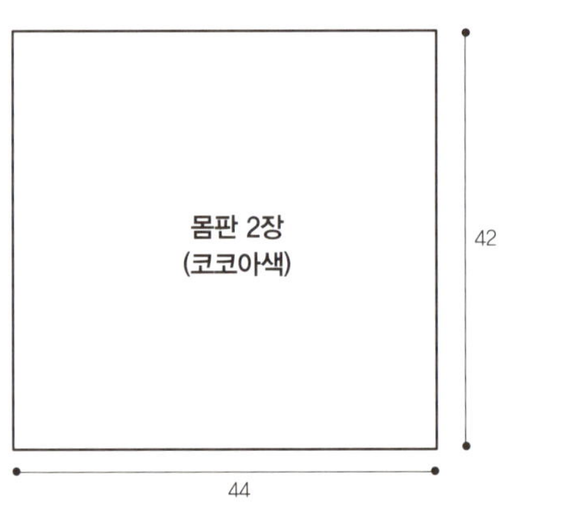

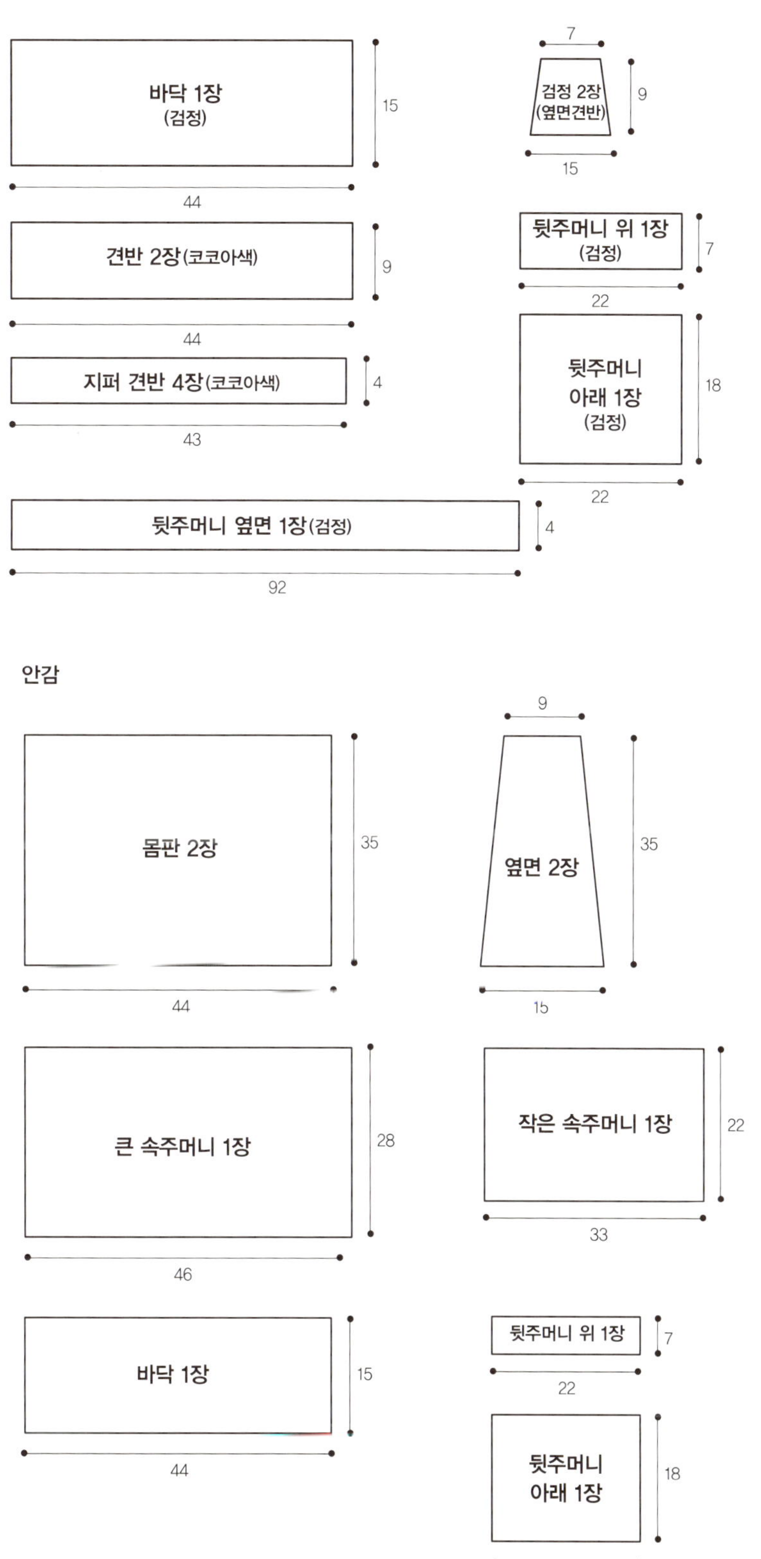

바닥 1장
(검정)
15
44
견반 2장 (코코아색)
9
44
지퍼 견반 4장 (코코아색)
4
43
뒷주머니 옆면 1장 (검정)
4
92
7
검정 2장
(옆면견반)
9
15
뒷주머니 위 1장
(검정)
7
22
뒷주머니
아래 1장
(검정)
18
22
안감
몸판 2장
35
44
9
옆면 2장
35
15
큰 속주머니 1장
28
46
작은 속주머니 1장
22
33
바닥 1장
15
44
뒷주머니 위 1장
7
22
뒷주머니
아래 1장
18
22

01.

재단한 모든 겉감에 접착심을 붙인다.

02.

가방 입구의 지퍼를 만든다. 지퍼 견반 겉과 지퍼 겉끼리 마주대고 1cm 시접을 남기고 박는다.
견반의 양끝도 1cm 접은 후, 아래로 꺾어 다림질한다. 0.1cm 상침한다.

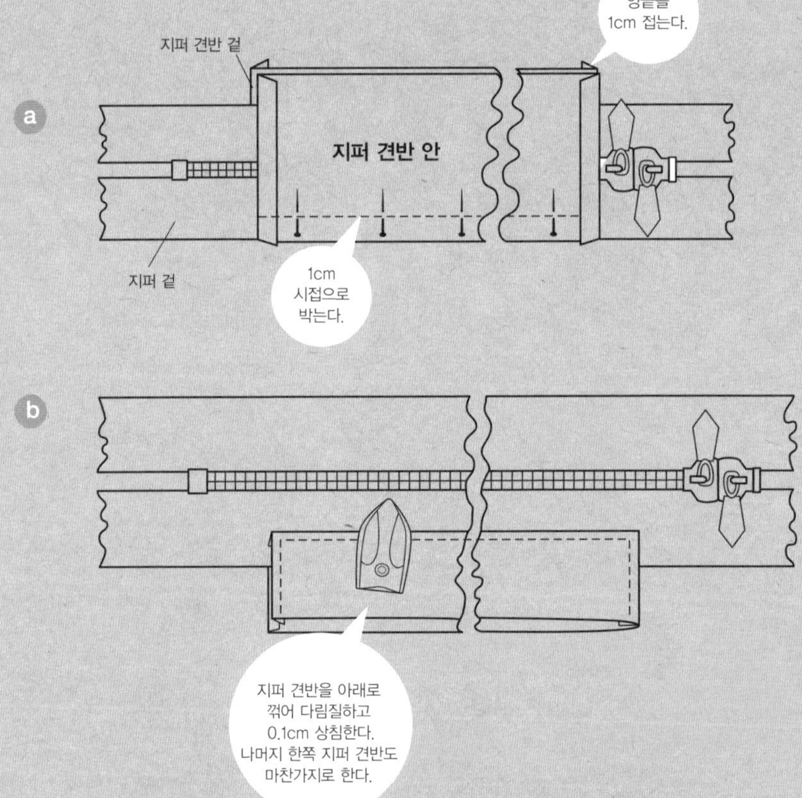

03.

앞판에 부록의 그림을 베낀 후 그림을 아플리케 한다. 바위산과 남자의 머리는 시접 없이 잘라서 미싱의 단춧
구멍 1을 이용해 아플리케 하고, 남자의 몸은 3∼5mm의 시접을 남기고 잘라 완성선에 맞춰 깔끔하게 접어
넣어 아플리케 한다. 목덜미의 하얀 와이셔츠 깃과 지팡이도 미싱 단춧구멍 1을 이용하여 표현한다.

04

뒷주머니를 만든다. 주머니의 지퍼를 먼저 달고, 옆면과 아래를 만든다.

a 뒷주머니 위를 만든다.

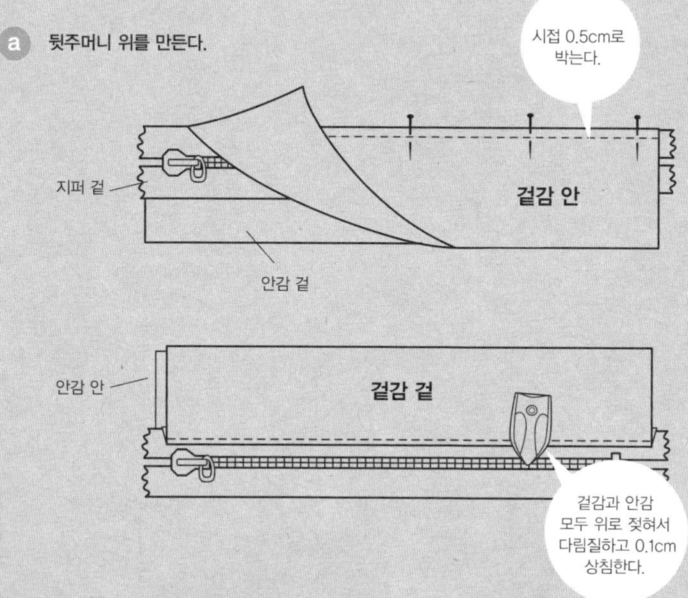

b a와 같은 방법으로 주머니 아래를 만든다.

c 옆면을 만든다.

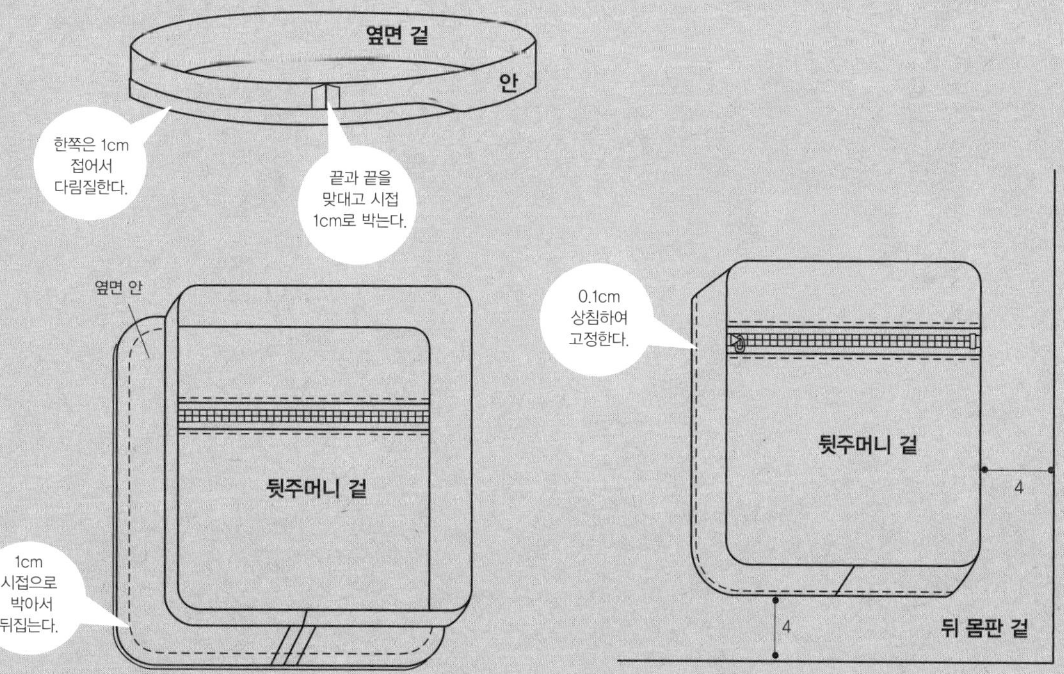

05

겉 몸판에 옆면과 바닥을 연결하여 겉통을 만든다.

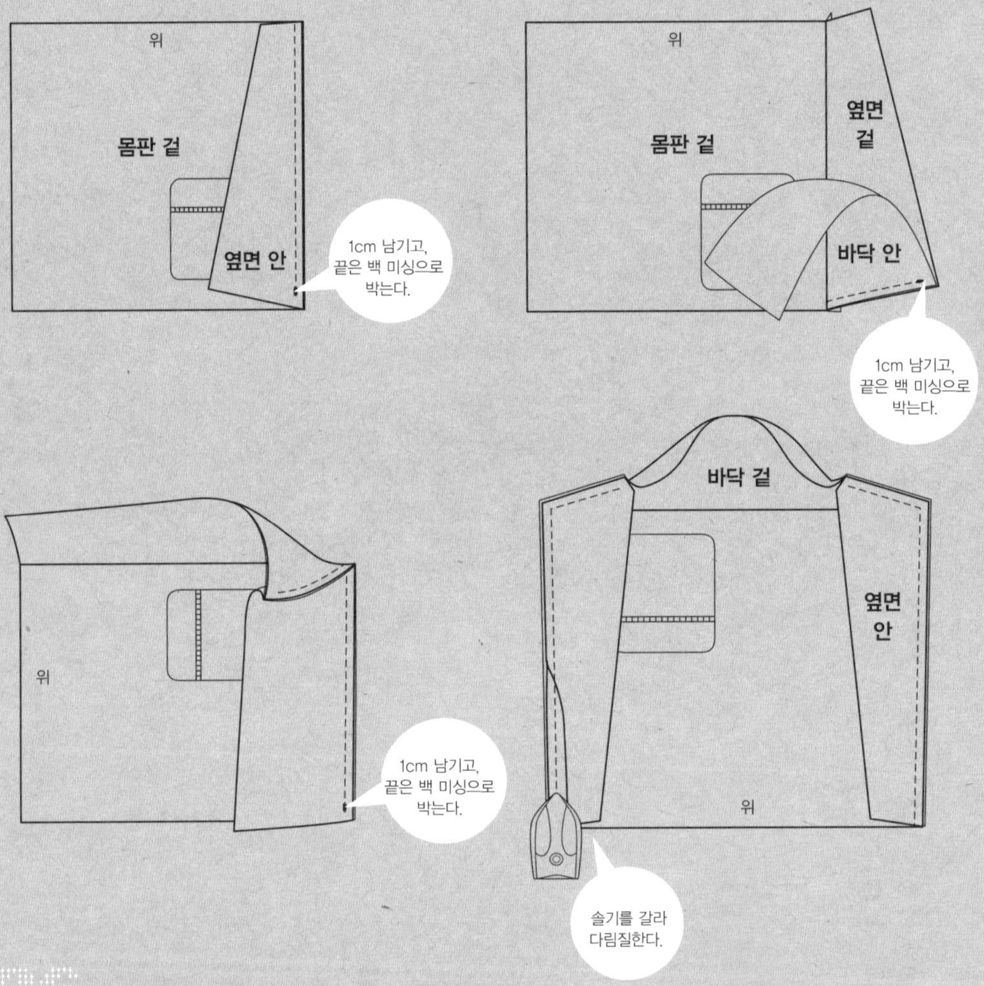

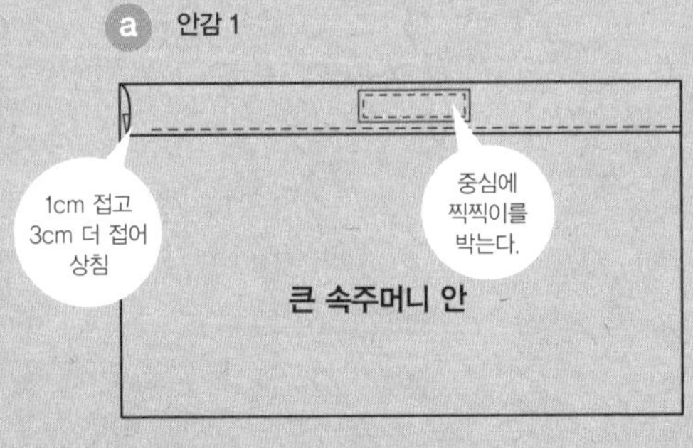

06

안감에 속주머니를 달고, 바닥 안감 안쪽에 4온스 솜을 부착한다.

a 안감 1

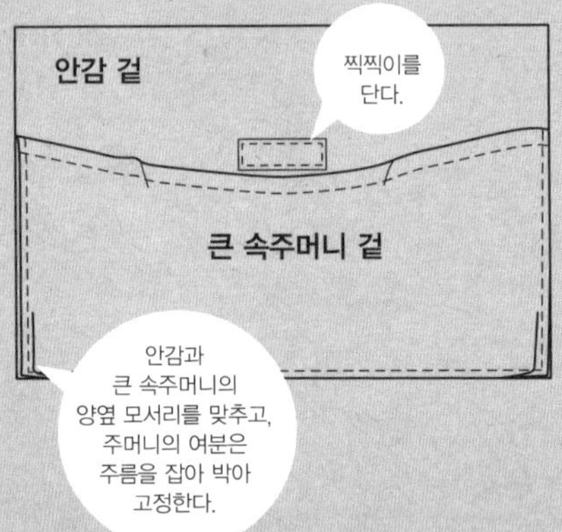

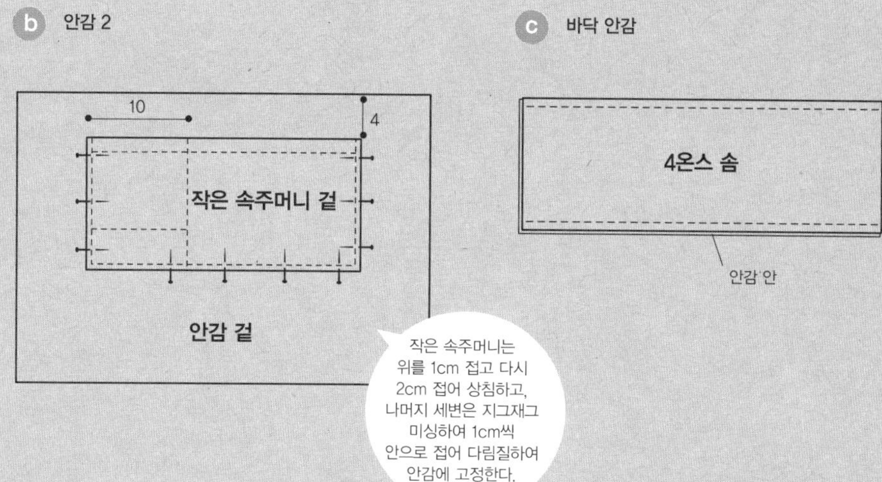

07

가방 견반과 2번의 가방 입구 지퍼를 연결하고 속통을 만든다.

a 안감 겉에 견반과 연결한 지퍼를 겉이 위로 향하게 놓고, 가방 견반 겉이 지퍼 겉과 맞닿게 놓고 1cm 박아서 연결한다.

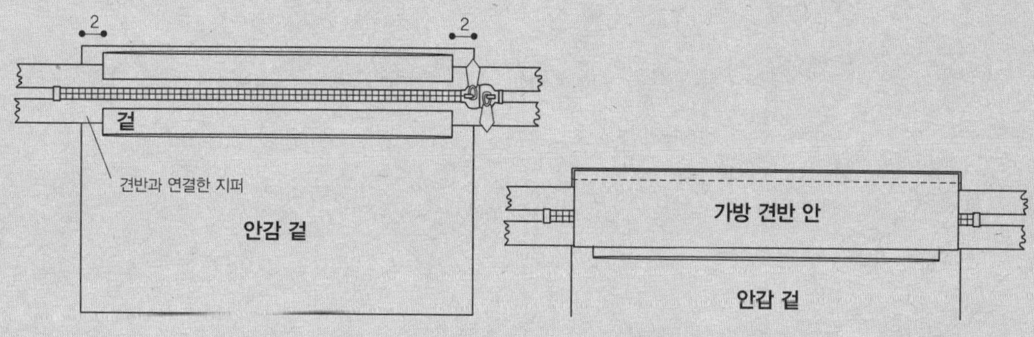

b 나머지 한쪽 견반도 같은 방법으로 연결한다.

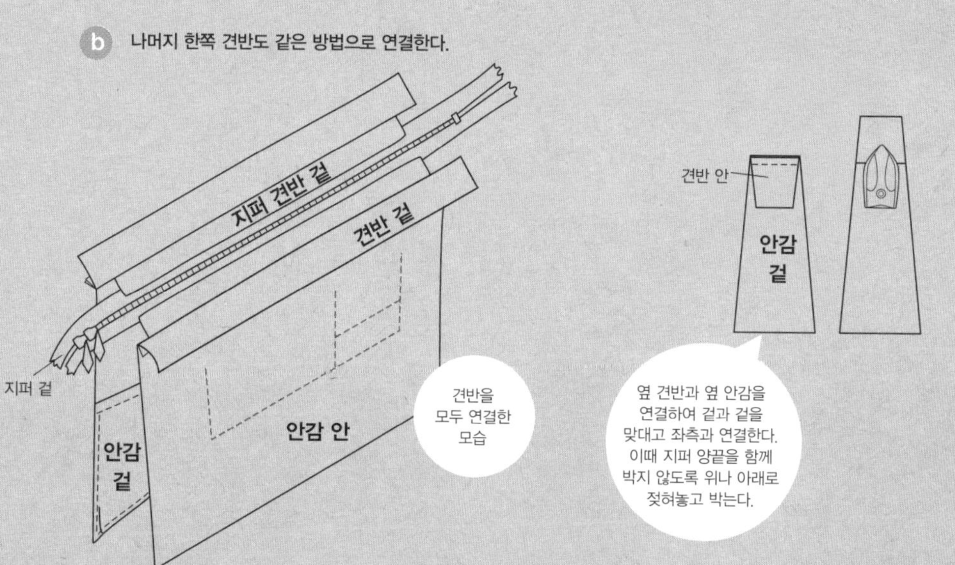

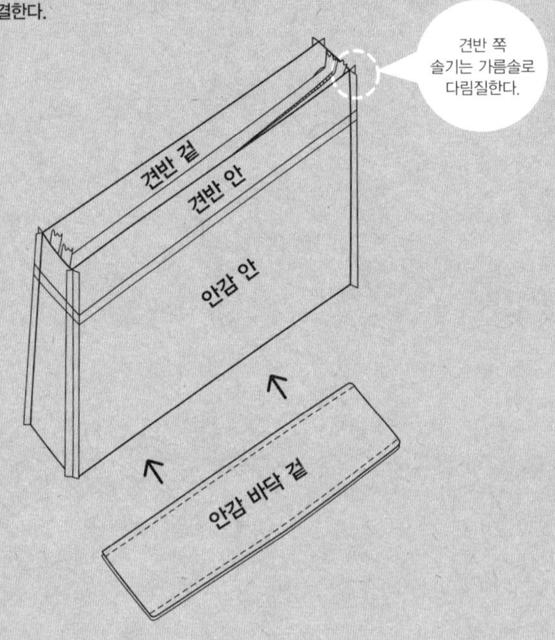

08

겉통과 속통을 겉끼리 맞닿게 끼우고 입구를 시
침핀으로 빙 둘러 고정해 둔다. 그리고, 웨빙끈을
9cm, 2개로 잘라서 고리에 걸어 옆면의 겉통과
속통 사이에 끼우고 1cm 시접으로 박는다.

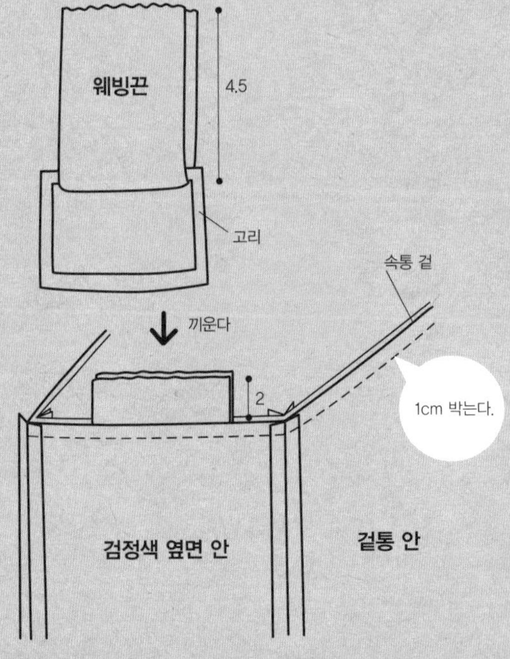

09

a~d의 순서로 웨빙끈을 조리개와 고리에 끼워 어깨 끈을 만든다.

a

b

c

d

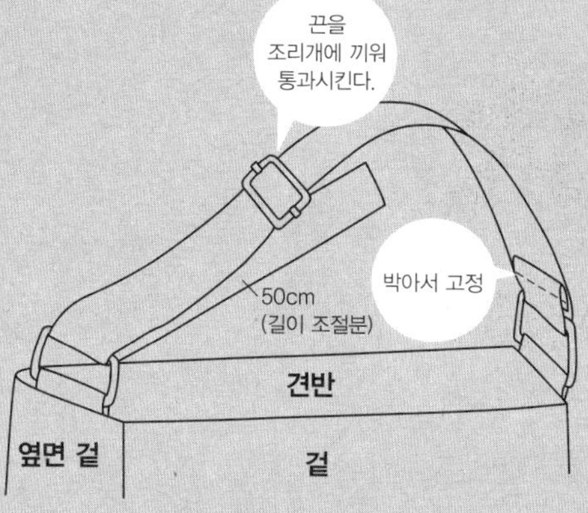

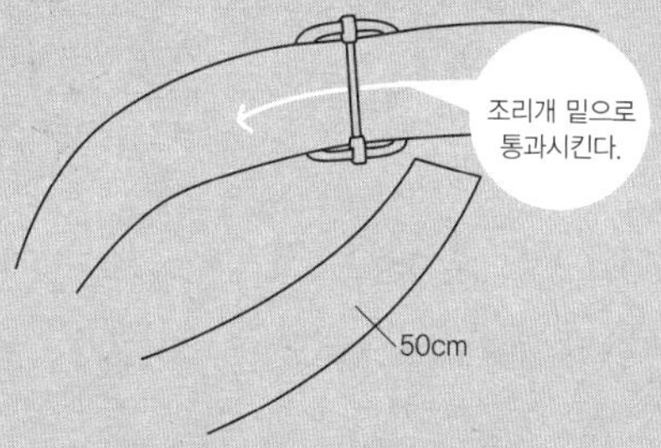

10

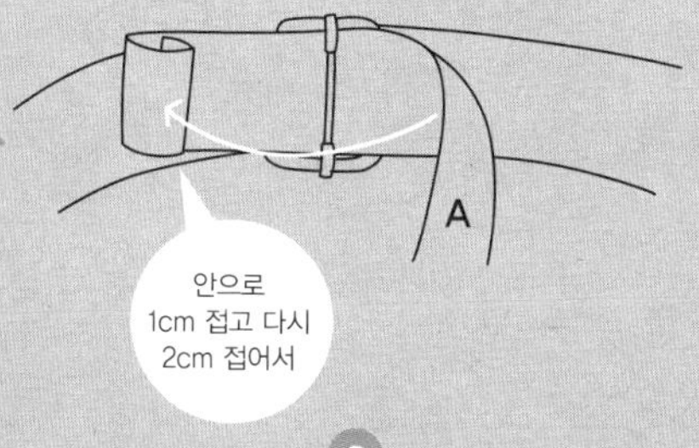

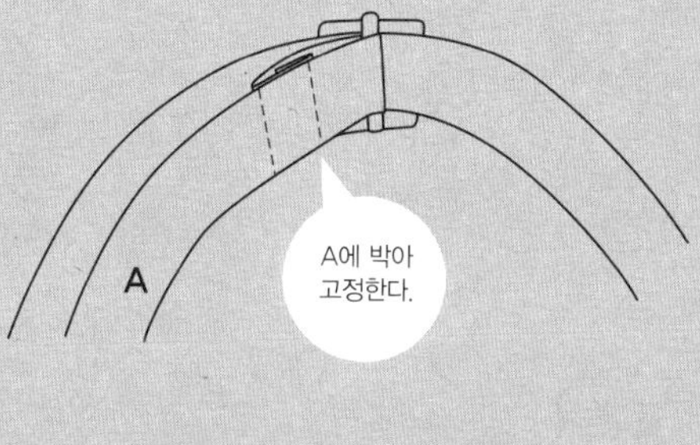

가죽 핸들을 단다.

11

지퍼 장식용 10cm 가죽끈 끝에 펀칭하여 구멍을 내고 지퍼 고리에 끼워 도구로 조여 고정한다.

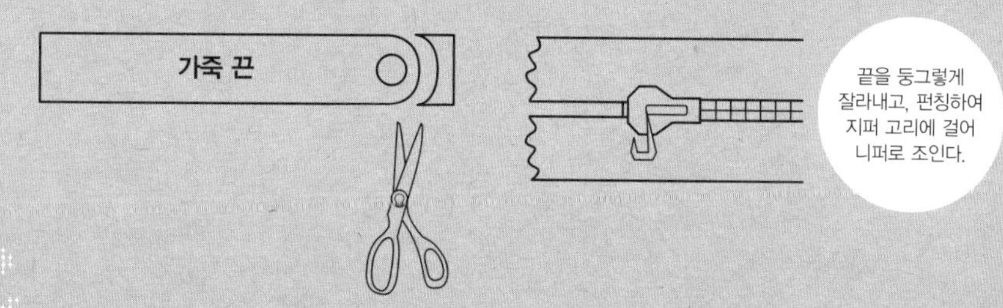

12

창구멍을 통해 바닥 겉감에 소꼬발을 끼우고 창구멍을 막아 완성한다.

여정

재료

다크 브라운 코팅 리넨 2분의 1마, 두꺼운 접착심과 안감 2분의 1마, 아플리케 용 천(옅은 브라운 헤링본 체크 모직 약간), 자수실 약간(짙은 밤색, 옅은 밤색, 황토색, 노랑색 수실), 카멜색 가죽 핸들과 잠금 장식 1set, 먹지, 두꺼운 종이

재단하기 전체 시접 1cm 더해서 재단한다.

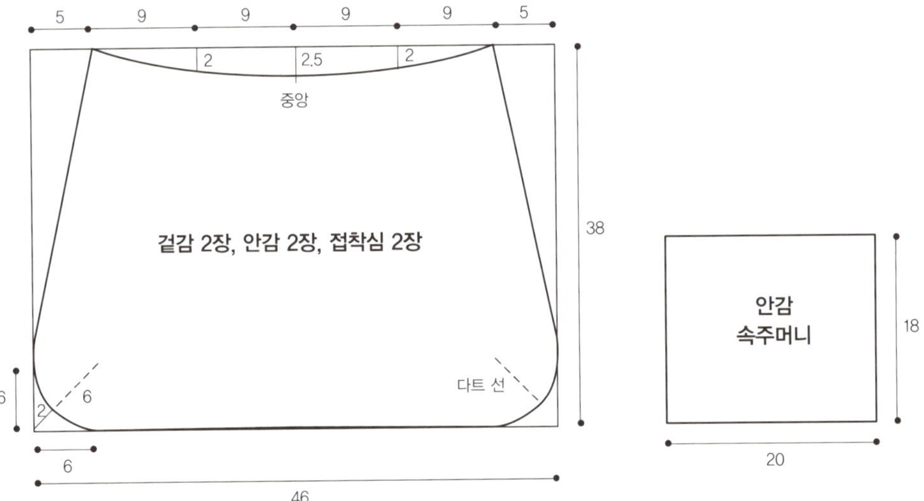

01

겉감 안쪽에 접착심을 붙인다.

02

먹지를 이용해 두꺼운 종이에 도안을 베껴서 오리고, 아플리케용 천에 수성펜으로 도안의 아우트라인을 베낀다. 트렁크의 상세한 묘사도 수성펜으로 그려 넣는다. 시접없이 도안을 따라 오린 트렁크를 균형 있게 배치하고 시침핀으로 고정하여 미싱 단춧구멍 1 스티치를 이용하여 아플리케한다. 이때 자수실과 미싱의 단춧구멍 스티치 1을 이용하여 상세표현을 한다.

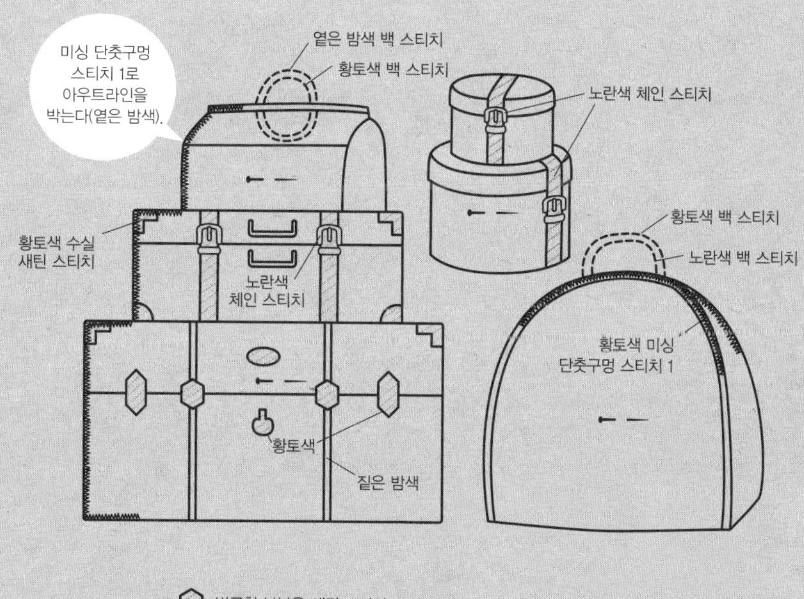

03

안감에 재단한 속주머니를 단다.

04

가방에 두께를 주기 위해 다트를 박고 옆과 아래를 박아 겉통을 만든다. 옆선은 가름솔로 다림질한다. 안감
도 창구멍만 남기고 같은 방법으로 만들어 둔다.

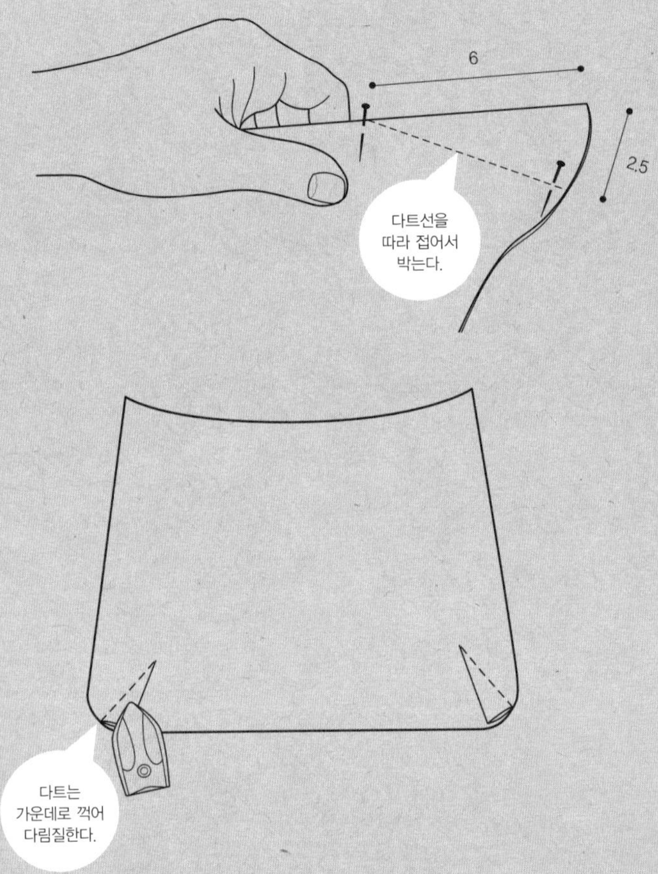

05

겉통의 겉과 속통의 겉을 맞대고 끼워서 핸들 위치를
표시하고, 핸들을 끼워 입구를 박는다. 입구의 곡선
부분 시접은 2~3cm 간격으로 가윗밥을 낸다.

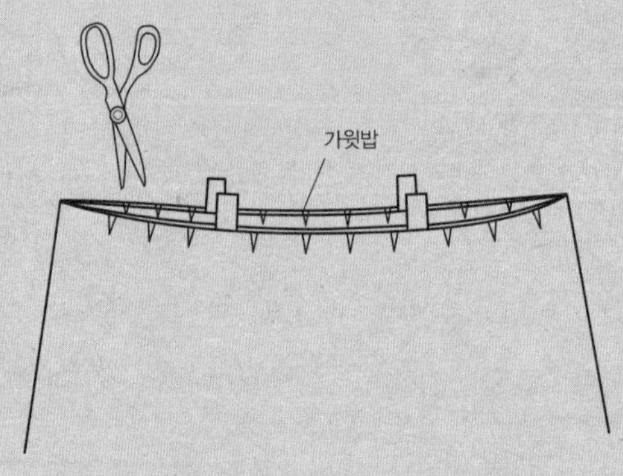

창구멍으로 뒤집어서 입구를 정돈하여 다림질하고, 0.1cm 상침한 다음 잠금 장식을 단다.

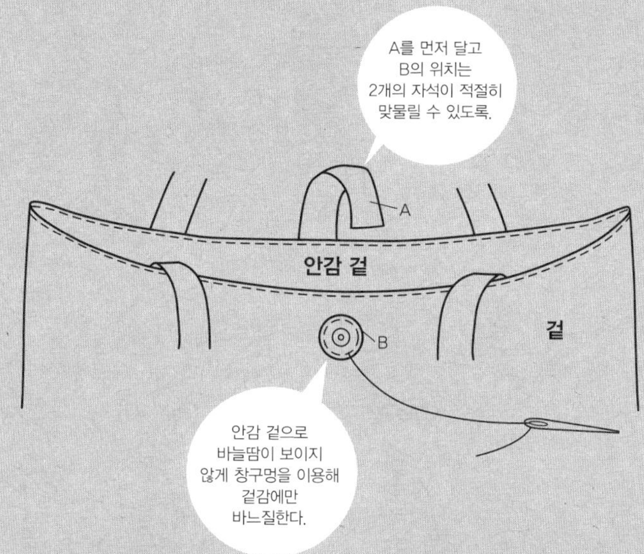

창구멍을 막아 완성한다.

여행 가방

재료

다크브라운 코팅리넨 광폭 1.5마, 두꺼운 접착심과 안감 광폭 2마, 아플리케용 천(옅은 브라운 헤링본 체크 모직 약간), 갈색 가죽 핸들 1set, 50cm 지퍼 1개, 25cm 지퍼 1개, 4온스 퀼트솜 48×25cm, 가방 소꼬발 대 5개

재단하기 전체 시접 1㎝ 더해서 재단한다.

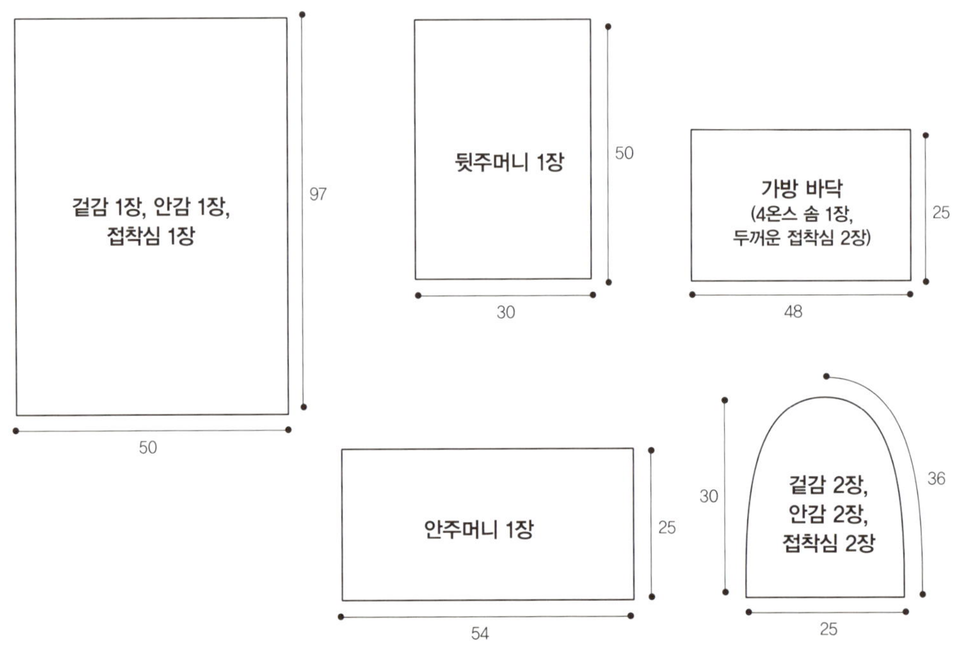

01

겉감 뒷면에 접착심을 붙이고, 부록의 그림을 베낀 후
앞 몸판에 트렁크를 아플리케한다(135쪽, 여정 2번
그림 참조).

02

몸판에 뒷주머니를 만든다.

a 겉 밖

b 겉 안

c 겉 밖

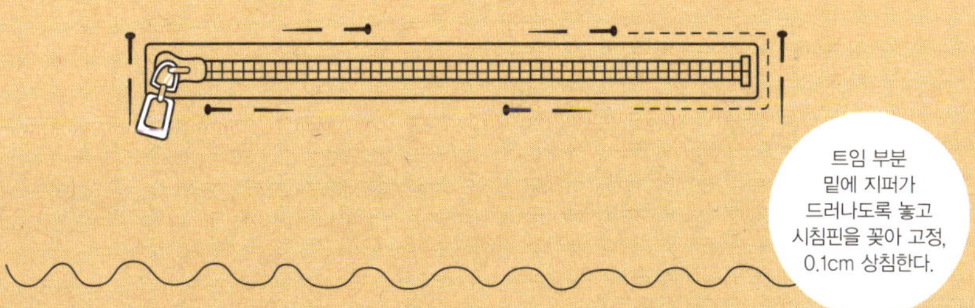

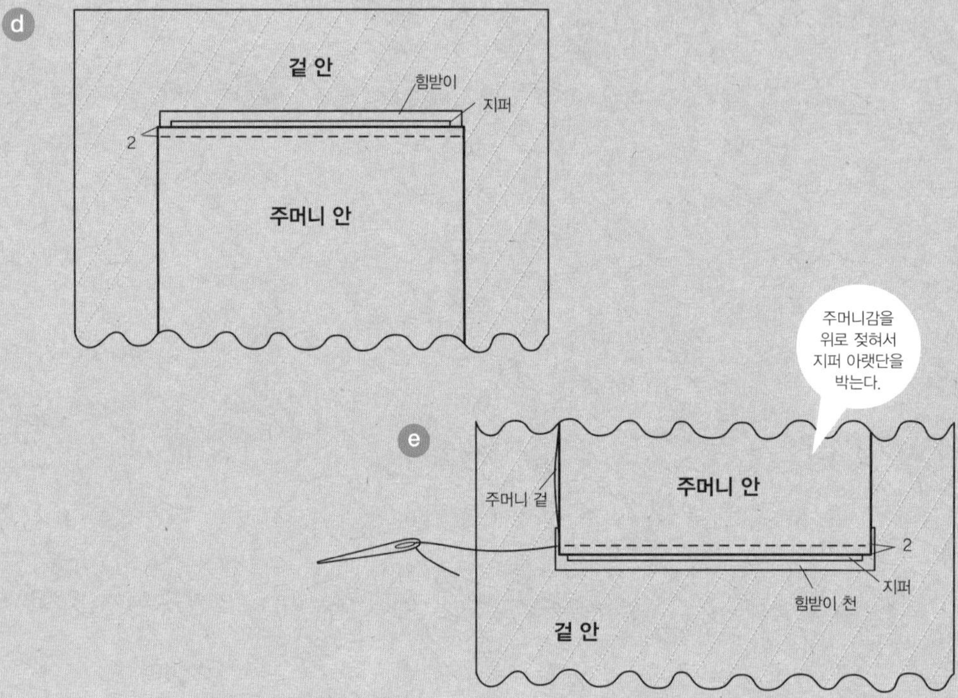

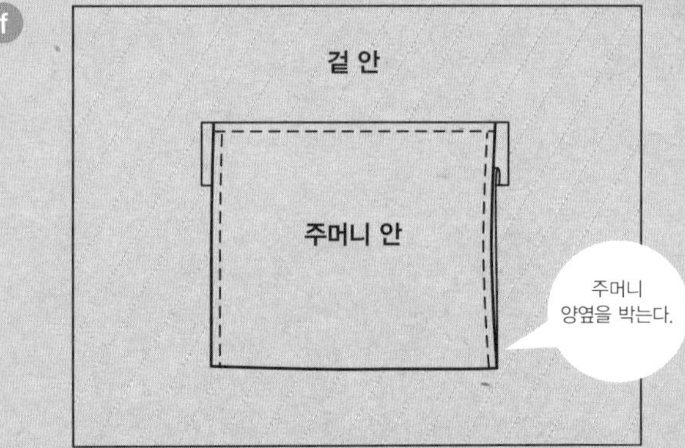

03

안주머니를 만들어 단다. 안주머니의 폭은 안감보
다 4cm 정도 넓게 재단하여 가운데 밑부분에 살
짝 주름을 잡아 수납을 위한 공간감을 준다.

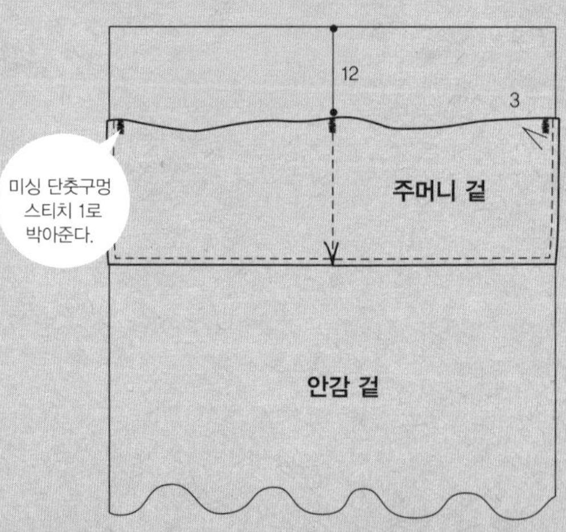

04

가방 바닥의 처짐을 막기 위해 깔판을 만든다. 두꺼운 심지 2장과 4온스 퀼트솜을 25 × 48cm(바닥 크기보다
조금 작게) 잘라서 접착 면과 퀼트솜을 마주대고 다리미로 붙이고, 또 1장의 접착심을 접착심 위에 덧붙인다.
바닥 부분에 잘 맞추어 깔판을 안쪽에 시침핀으로 고정하고 가방 바닥에 소꼬발을 부착한다.

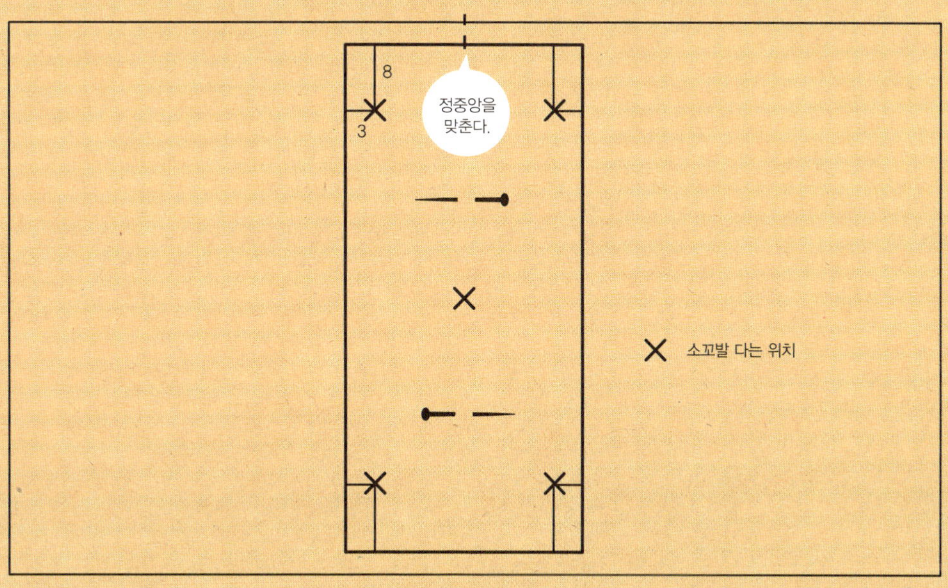

[소꼬발 다는 법]

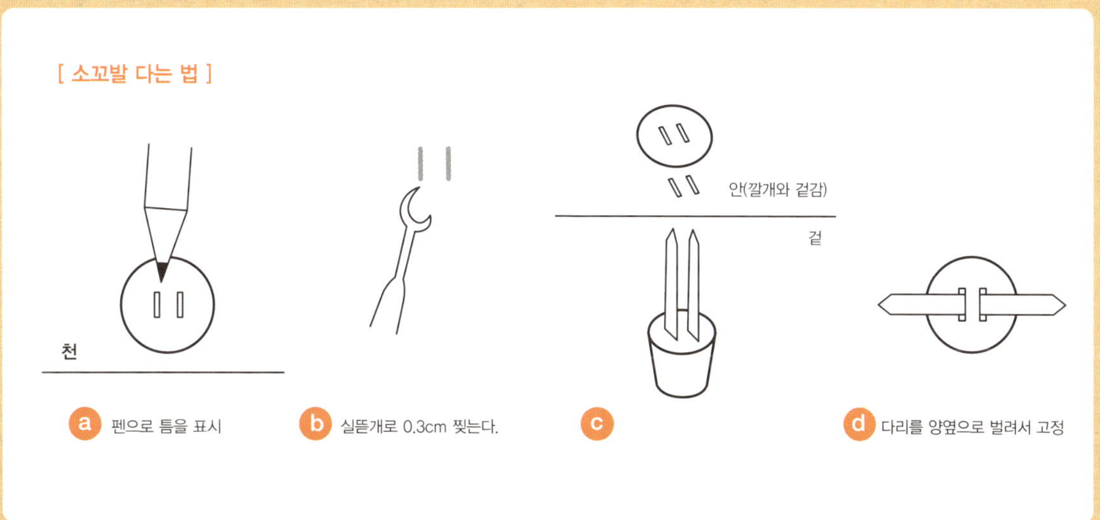

05

지퍼를 단다. 겉감 양끝 입구 부분을 1cm 접어 다려
놓는다. 먼저 앞판의 입구에 지퍼 고리가 왼쪽으로
오도록 지퍼를 놓고(지퍼는 잠긴 상태로), 시침핀으
로 고정해 지퍼를 박는다(지퍼 노루발 사용). 뒤판도
지퍼를 시침핀으로 고정한 후, 지퍼를 열어서 미싱
으로 박는다.

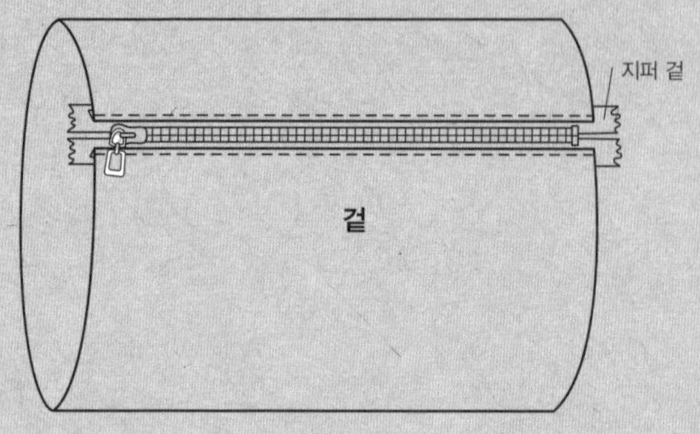

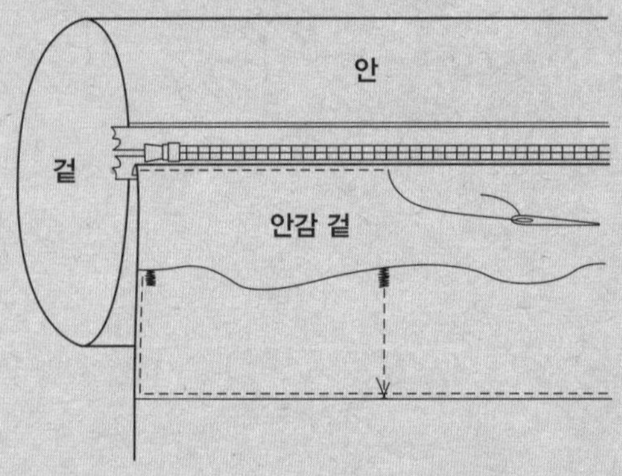

06

가방 몸판을 뒤집어 안감을 단다. 안주머니와 뒷주
머니가 겹쳐지지 않도록 안감을 배치한다. 안감도
입구 부분을 1cm 접어 지퍼 천에 반박음질한다.

07

옆면의 안과 안감의 안을 마주보게 놓고 가장자리를
큰 바늘땀으로 미싱하여 고정한 다음, 이것의 겉과
몸판의 겉을 맞대고 연결한다.

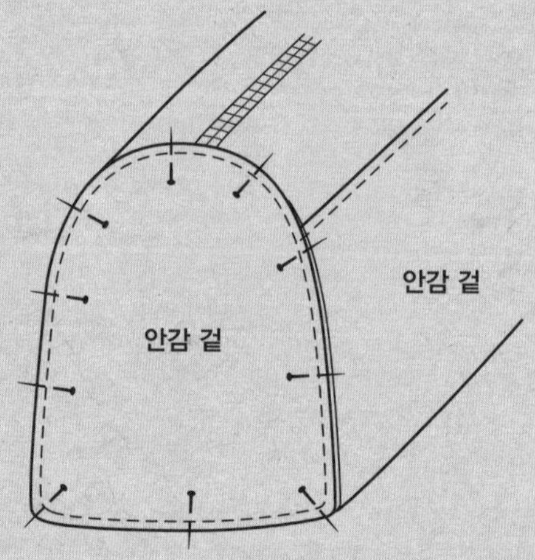

08

노출되어 있는 시접은 폭 4cm 정도의 넉넉한 바이
어스 테이프를 만들어 감싸 박아 깔끔하게 정리한
다. 바이어스 테이프의 겉과 안감 시접 겉을 맞대고
박은 후, 테이프를 1cm 접어 감싸 다시 박는다.

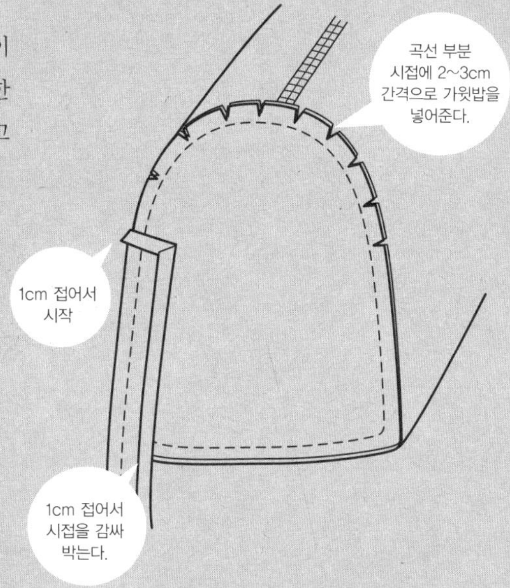

09

가방 입구에 중심을 잡고 양옆으로 7cm, 입구에서 3cm 아래 위치에 핸들을 단다. 안감 쪽의 바늘땀이 신경
쓰이면 안감 천을 가로세로 6cm 정도 크기로 잘라 사방 1cm 접어 넣고 시침질하여 가린다.

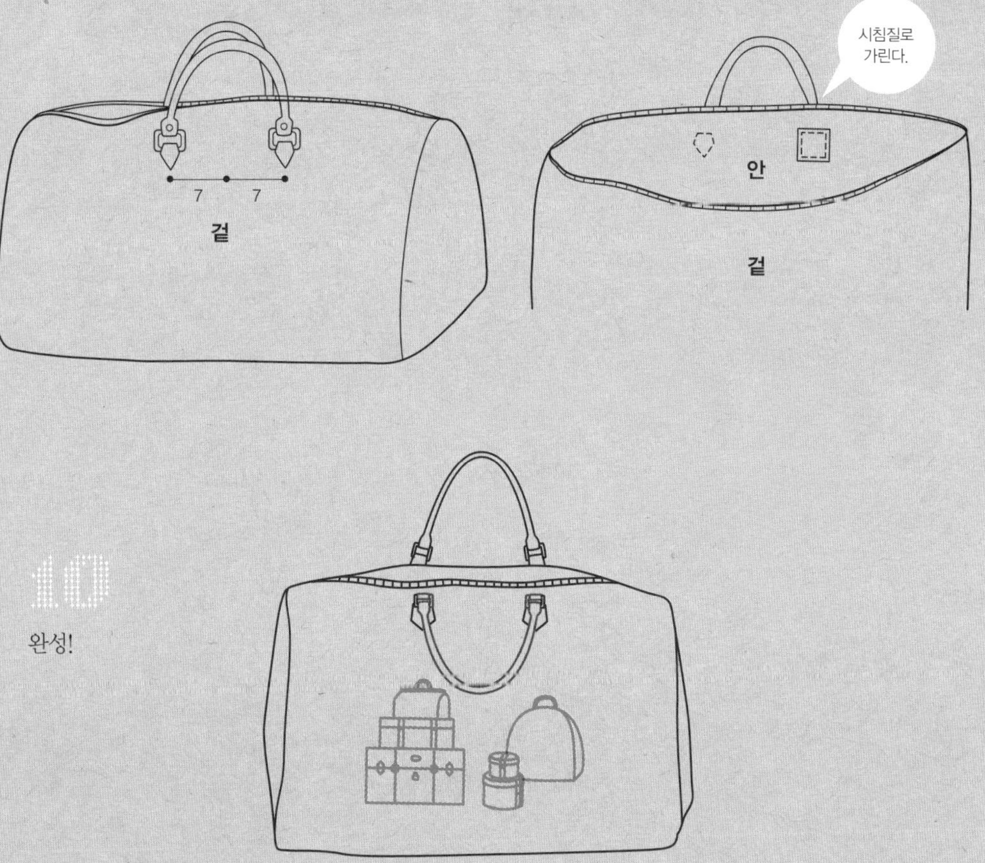

10

완성!

수묵화

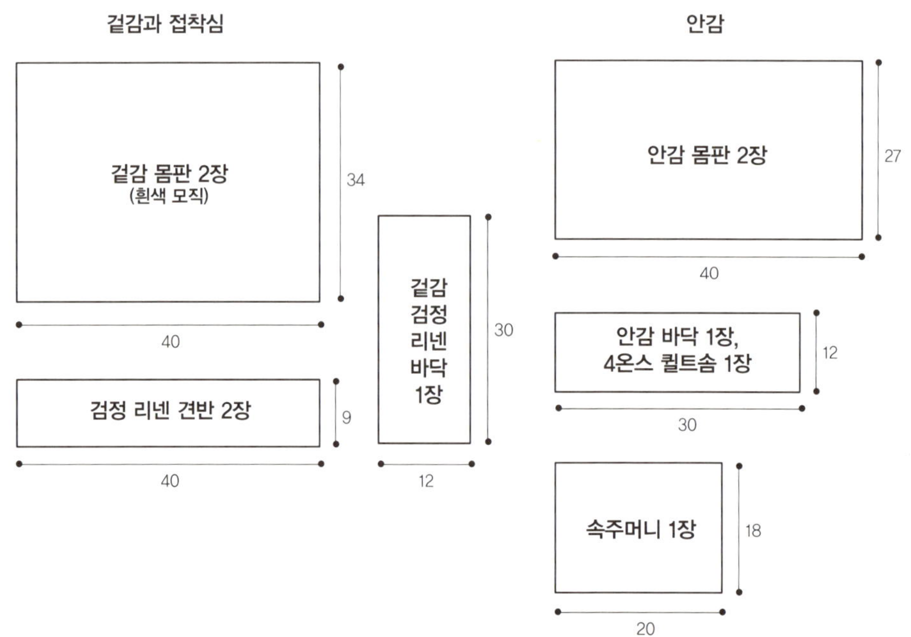

재료

모직(흰색 2분의 1마, 밝은 회색, 짙은 회색, 검정색 약간), 견반과 바닥용 검정 리넨 약간, 두꺼운 접착심 2분의 1마, 안감 2분의 1마, 바닥용 4온스 퀼트솜 약간, 검정 가죽 핸들 1set, 2온스 퀼트솜 3 x 3cm 2장, 마그네틱 단추 1set

재단하기 전체 시접 1cm 포함된 치수

겉감과 접착심

겉감 몸판 2장
(흰색 모직)
34
40

검정 리넨 견반 2장
9
40

겉감
검정
리넨
바닥
1장
30
12

안감

안감 몸판 2장
27
40

안감 바닥 1장,
4온스 퀼트솜 1장
12
30

속주머니 1장
18
20

01

흰색 모직 앞뒤 판에 접착심을 붙인다. 견반과 바닥용 검정 리넨에도 접착심을 붙인다.

도안에 맞춰 자른(위 라인은 시접을 두지 않고 완성선을 따라 자르고, 연회색과 짙은 회색의 아래 라인은 2
~3cm 더 여유를 두어 자른다) 검정색 모직을 1의 밑선에 맞춰 놓고, 그 뒤에 짙은 회색, 또 그 뒤에 옅은 회
색 모직을 도안에 맞춰 배열하여 수성펜으로 표시해 둔다.

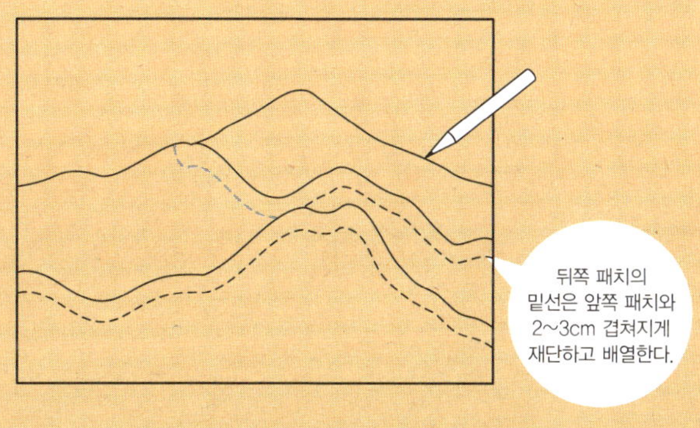

03

수성펜 표시에 맞춰 흰색 모직 위에 연회색을 놓고 시침핀으로 고정하여 블랭킷 스티치로 아플리케한다.
짙은 회색과 검정색도 마찬가지로 한다. 스티치하는 실은 천과 같은 색실을 쓴다.

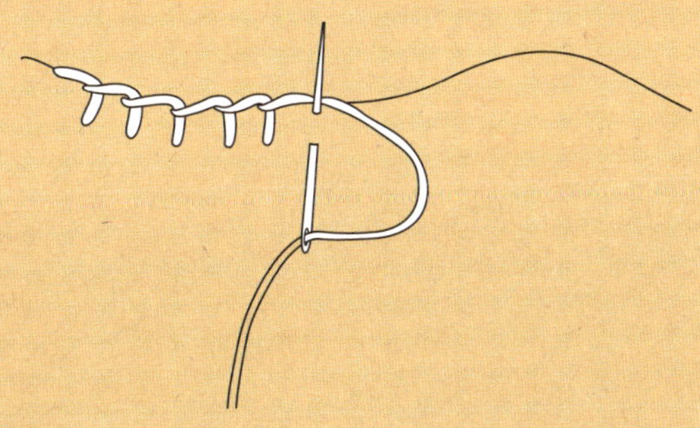

04

겉감의 겉끼리 맞대고 옆선을 박아 가름솔로 다림질하고, 이것의 겉과 바닥의 겉을 맞대고 연결하여
겉통을 만든다.

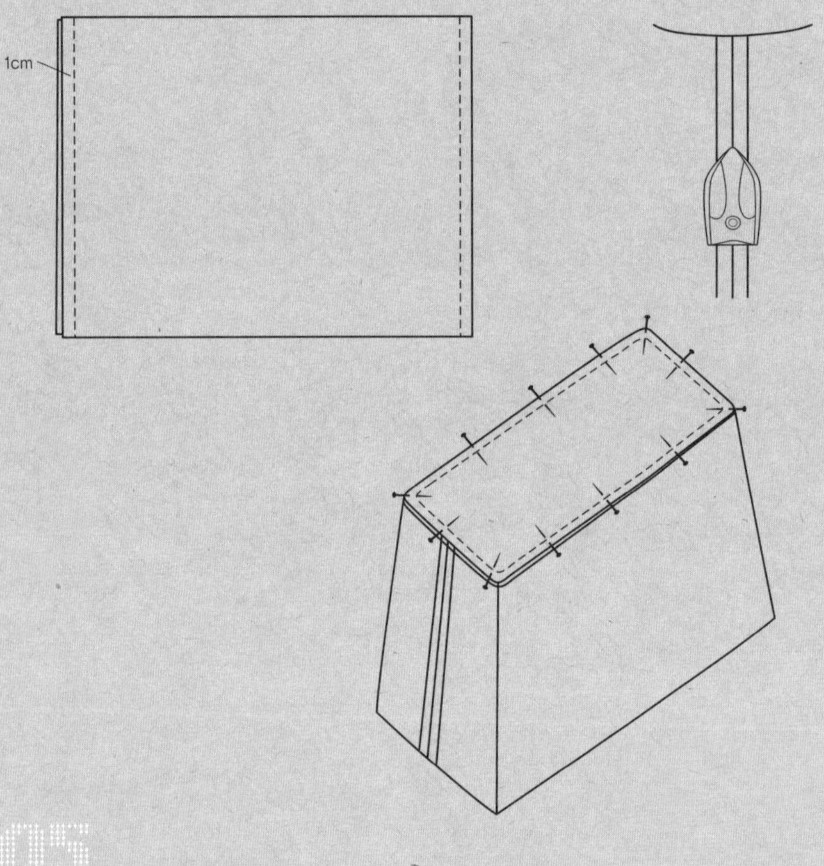

05

견반과 안감의 겉끼리 맞대고 연결하고, a~c 순서로 속주머니를 만들어 단다. 바닥용 4온스 솜을 바닥 안감
안쪽에 미싱으로 박아 고정한다. 4번과 같은 방법으로 안감을 연결하여 속통을 만든다. 창구멍은 남긴다.

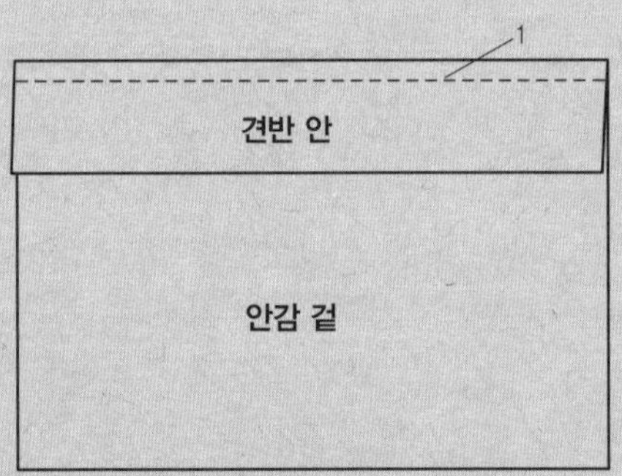

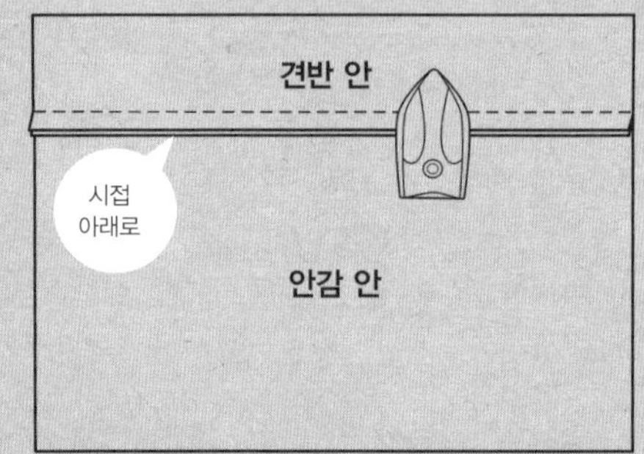

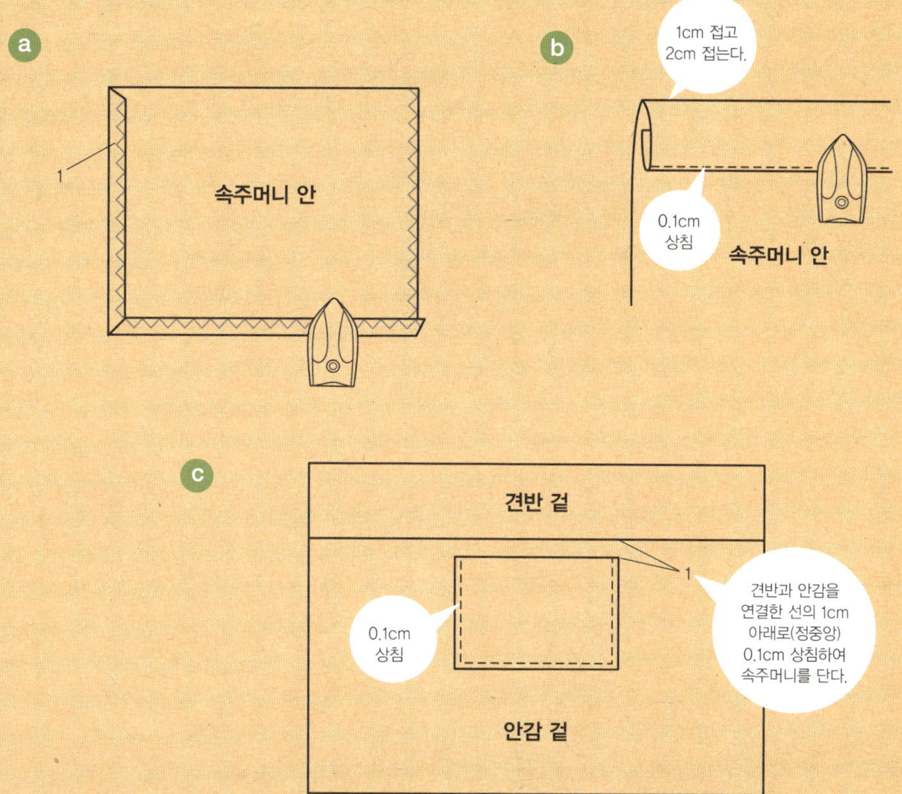

06

속통과 겉통의 겉끼리 맞대고 끼워 입구를 박고, 창구멍
으로 뒤집어 입구를 정돈하고 0.1m 상침한다. 창구멍
을 이용하여 핸들을 달고, 마그네틱 단추를 단다. 창구
멍을 막아 완성한다.

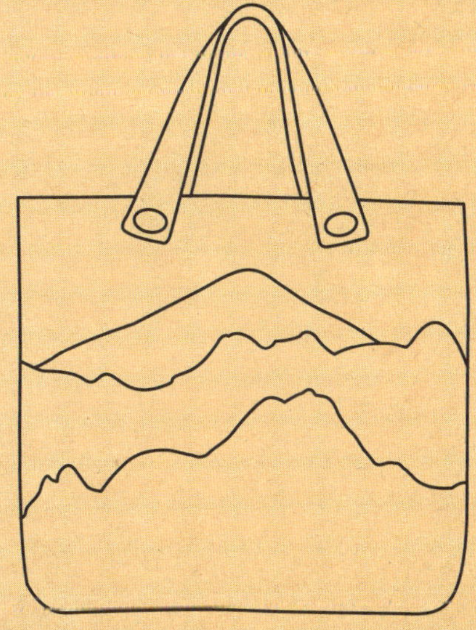

이화에 월백하고

재료

짙은 회색 모직 2분의 1마, 두꺼운 접착심과 안감 2분의 1마, 검정·회색·흰색 양모 약간, 흰색 모직(달) 지름 3cm, 2mm 흰색 진주 50~60개, 바닥용 4온스 솜 약간, 2온스 솜 3×3cm 2장, 마그네틱 단추 1set, 가죽 핸들 1set, 양모 바늘과 스펀지

재단하기   전체 시접 1cm 포함된 치수

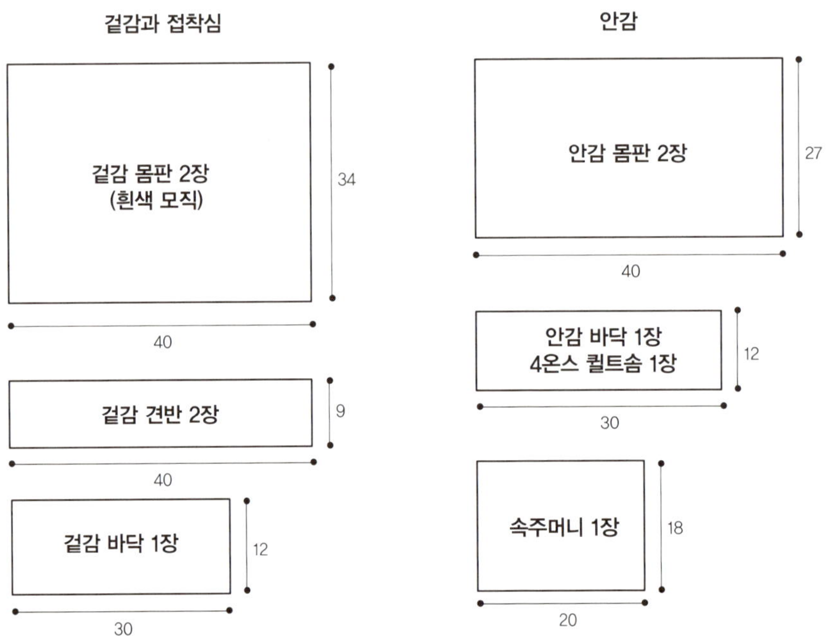

01

재단한 겉판 몸판 2장과 견반 2장, 바닥 1장에 접착심을 붙인다.

02

노란색 초크 연필 등 잘 드러나는 색으로 나무 밑그림을 그리고 달의 위
치도 표시해 둔다. 검정과 회색의 양모를 양모 바늘로 찔러서 나무를 표
현하고 나무에 달린 꽃과 떨어지는 꽃은 흰색 양모로 표현한다. 달은 흰
색 모직을 동그랗게 오려서 블랭킷 스티치로 아플리케하고, 흰색 양모
를 아주 얇게 펴서 양모 바늘로 고정한다. 꽃에는 하얀 진주를 달아준다.

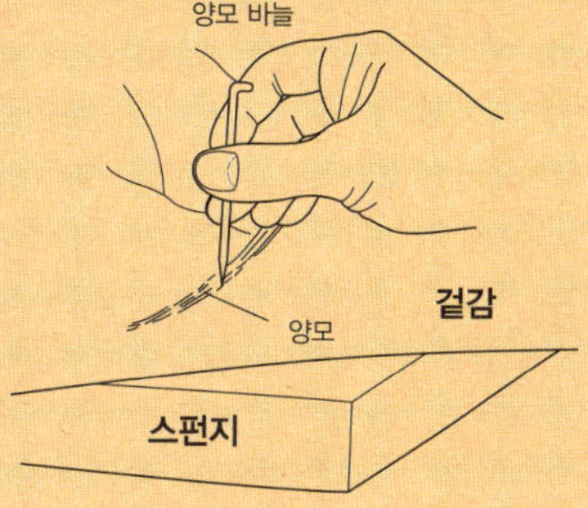

03

견반과 안감 몸판의 겉끼리 맞대고 연결하고, 속주머니를 만들어 단다.
바닥용 4온스 솜을 바닥 안감 안쪽에 미싱으로 박아 고정한다(146쪽,
수묵화 4번 그림 참조).

04

겉감 몸판의 겉끼리 맞대고 옆선을 박아 가름솔로 다림질하고, 이것이
겉과 바닥의 겉을 맞대고 연결하여 겉통을 만든다.

05

4번과 같은 방법으로 안감을 연결하여 속통을 만든다. 창구멍은 남긴다.

06

속통과 겉통의 겉끼리 맞대고 끼워 놓고 핸들 위치를 표시하여 핸들을
끼우고 입구를 박는다. 창구멍으로 뒤집어 입구를 정돈하고 0.1cm 상
침한나. 창구넝을 통해 마그네틱 단주를 달고, 창구멍을 막아 완성한다.

체리

재료

짙은 초콜릿색 면마 2분의 1마, 안감 2분의 1마, 두꺼운 접착심 2분의 1마, 아플리케용 천 약간(체리—빨간
색 리넨 30×30cm/보울—베이지톤 도트 무늬 천), 3mm 진주 30개, 중간톤 녹색 수실 약간, 갈색 가죽
핸들 1set, 마그네틱 단추 1set, 2온스 솜 3×3cm 2장, 먹지, 두꺼운 종이

재단하기   전체 시접 1cm 포함된 치수

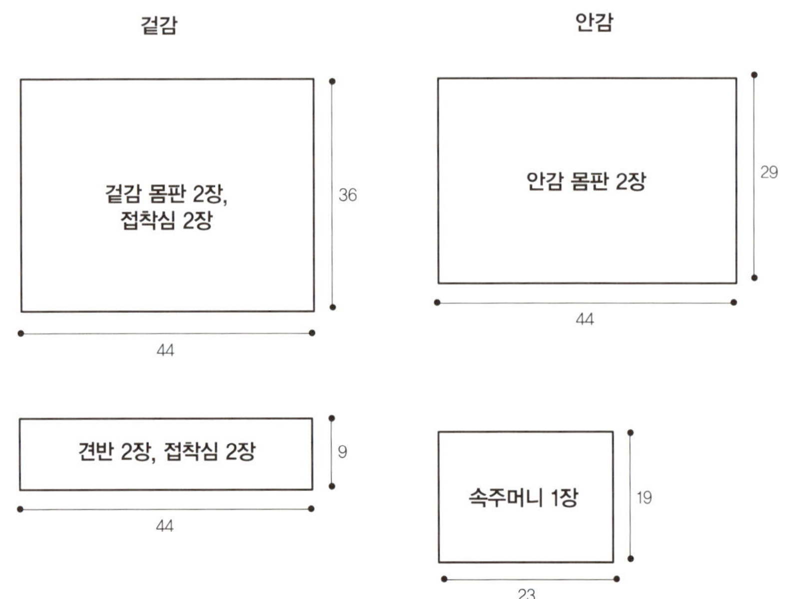

01

재단한 겉감 몸판 2장과 견반 2장에 접착심을 붙인다.

02

먹지를 이용해 두꺼운 종이에 도안을 베껴서 오린다. 이것을 아플리케용 천에 대고 수성펜으로 아우트라인을
그린 다음, 시접 0.3~0.5cm를 남기고 오린다. 시접에는 가윗밥을 넣는다.

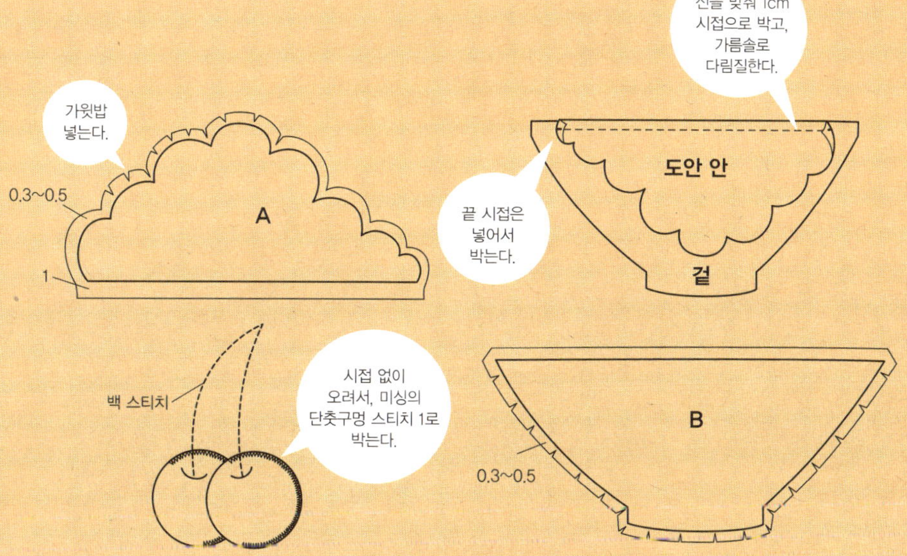

03

앞뒤 몸판에 균형 맞춰서 도안을 배치하고, 시접을 깔끔하게 접어 넣어 시침핀으로 고정하여 미싱으로 상침
한다. 녹색 수실로 러닝 스티치를 해서 꼭지를 표현한다. 이 때 꼭지를 하나쯤 떨어지게 표현해 봐도 재미있
다. 진주를 달아 체리의 광택을 표현한다(진주의 위치는 모두 통일성 있게).

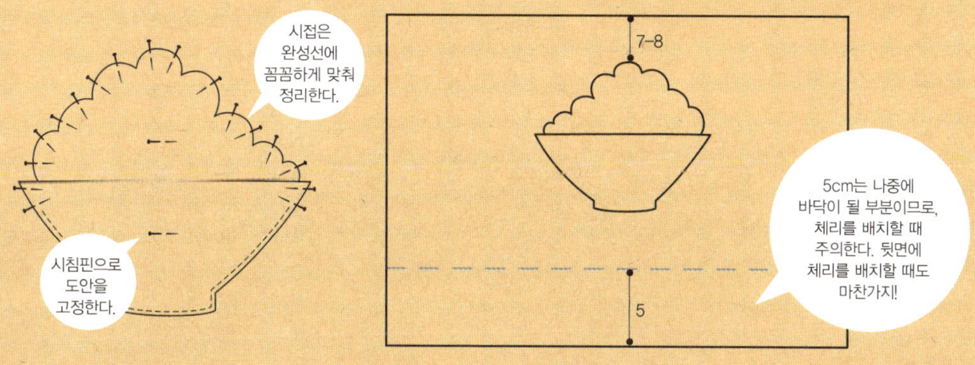

04

견반의 겉과 안감의 겉을 맞대고 1cm 시접으로 연결하고, 시접은 아래로 몰아 다림질한다. 그런 다음 안감에
속주머니를 단다.

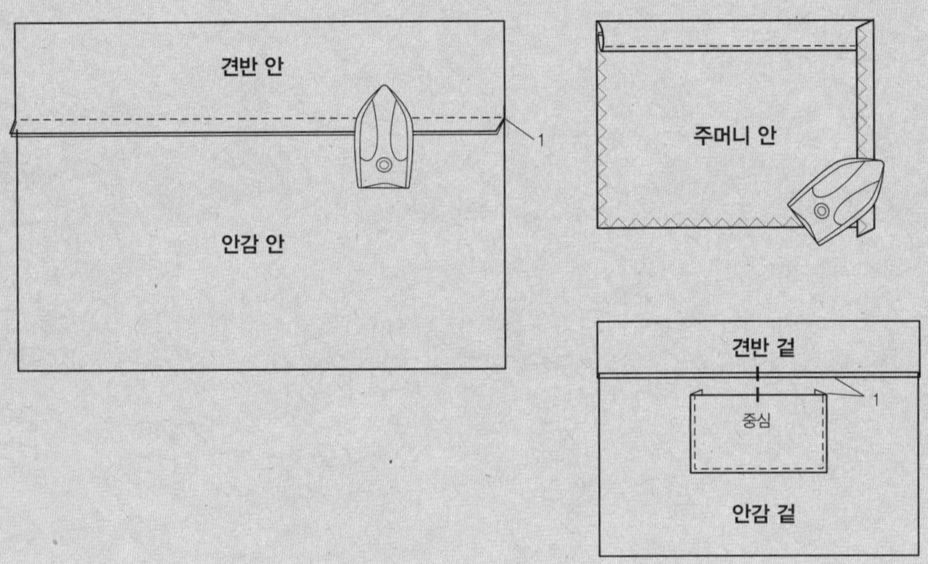

05

몸판 겉끼리 맞대고 밑변을 미싱으로 연결한다. 시접은 가름솔로 다림질하고, 다시 겉이 맞닿게 반을 접어 옆
선을 연결한 다음 역시 가름솔로 다림질해 준다. 모서리를 그림과 같이 접어서 가방 밑면을 만들어준다. 안감
도 같은 방법으로 속통을 만들어 준다. 안감은 옆선 연결할 때 창구멍을 남긴다.

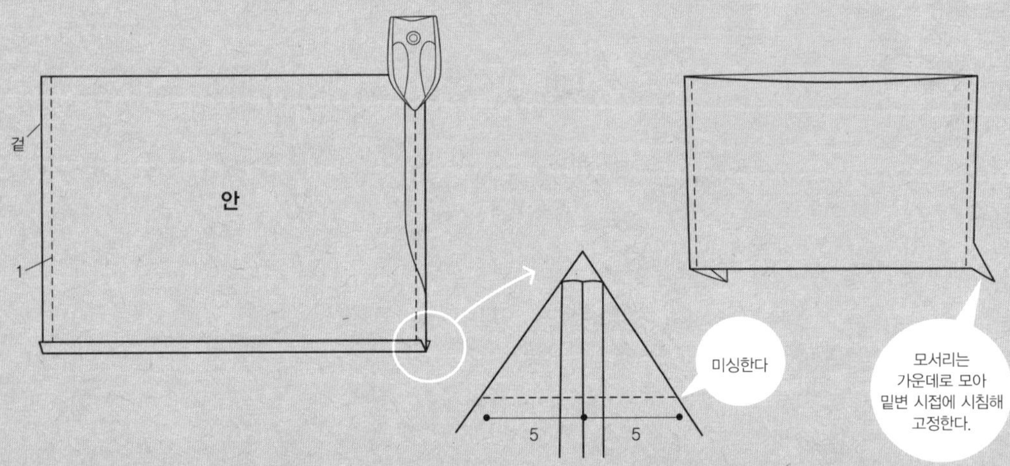

06

겉통의 겉과 속통의 겉끼리 맞대어 끼우고 핸들의 위치를 표시한다. 핸들의 겉과 겉감의 겉을 맞대고 끼워
입구를 박는다.

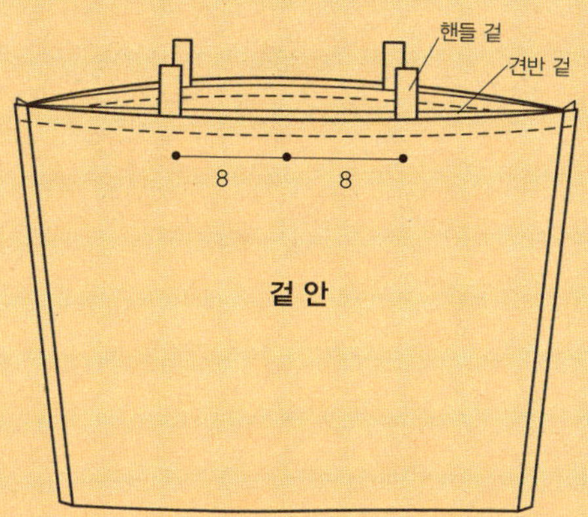

07

창구멍으로 뒤집어 입구를 다림질하고 0.1cm 상침한다.
창구멍을 통해 마그네틱 단추를 달고 창구멍을 막아 완성한다.

[가죽 핸들 앞뒤 구별법]

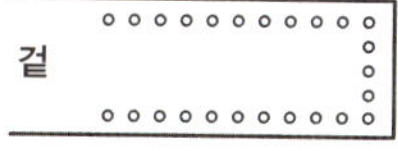

일반적으로 가죽 핸들에는 바느질을 할 수 있는 구멍이 뚫려 있는데,
자세히 보면 구멍이 또렷한 쪽(겉)과 그렇지 않은 쪽(안)으로 구별한
다. 이 구멍을 이용해 손바느질해서 달아도 좋고, 핸들을 몸판 사이에
끼워 미싱으로 달아도 깔끔하다. 가죽 핸들은 가정용 미싱으로도 충
분히 박을 수 있다.

[핸들의 적당한 길이]

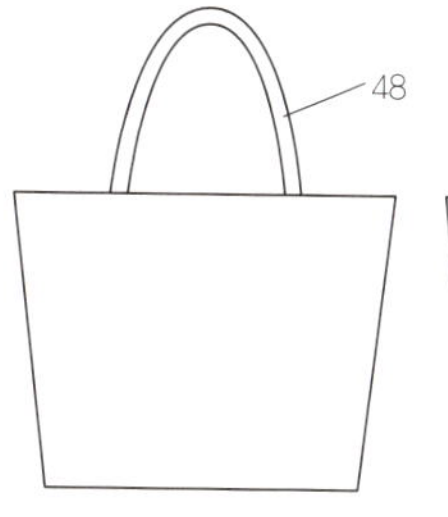

어깨에 맬 수도 있고 들 수도
있는 핸들 길이는 48cm 정
도가 적당하다.

손에 들거나 팔에 걸 수 있는
핸들 길이는 32cm 정도가
보기도 좋고 적당하다.

포 도

재료

하늘색 면마 2분의 1마, 안감 2분의 1마, 두꺼운 접착심 2분의 1마, 아플리케용 천(포도잎－짙은 올리브그린과 쑥색 리넨 약간／포도－보라색 리넨 약간) 얇은 접착심 약간, 보라색·초록색 6mm 비즈 20개씩, 검정 수실 약간, 그린색 핸들 1set, 마그네틱 단추 1set, 2온스 솜 3×3cm 2장, 먹지, 두꺼운 종이

재단하기   전체 시접 1cm 포함된 치수

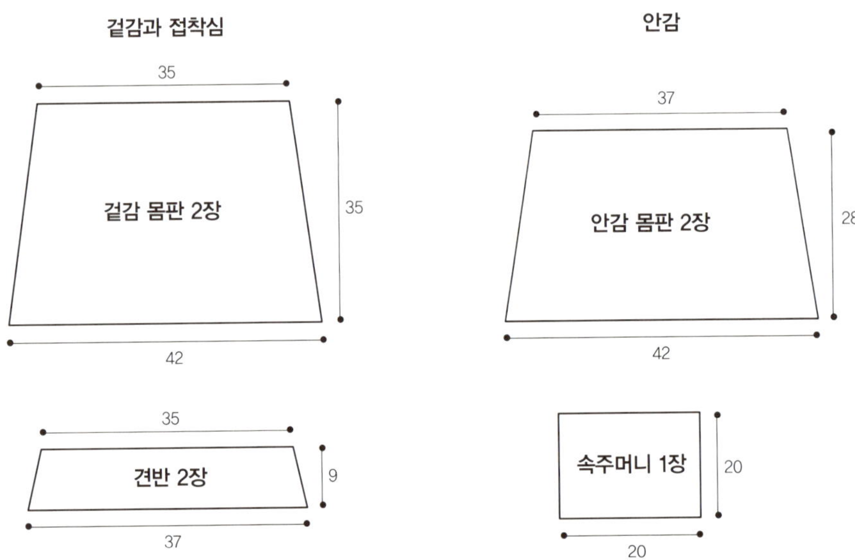

01

겉감 몸판 2장과 견반 2장에 접착심을 붙인다.

02

포도잎은 올리브그린 큰 잎 4개, 작은 잎 4개, 쑥색 작은 잎 2개. 입체로 장식할 쑥색 큰 잎 2개(앞뒤 4장),
작은 잎 1개(앞뒤 2장)를 준비한다(시접 0.3cm). 포도송이도 도안대로 오려(시접 0.3cm) 준비한다.
(151쪽, 체리 2, 3번 그림 참조)

[**입체 잎 만들기**]

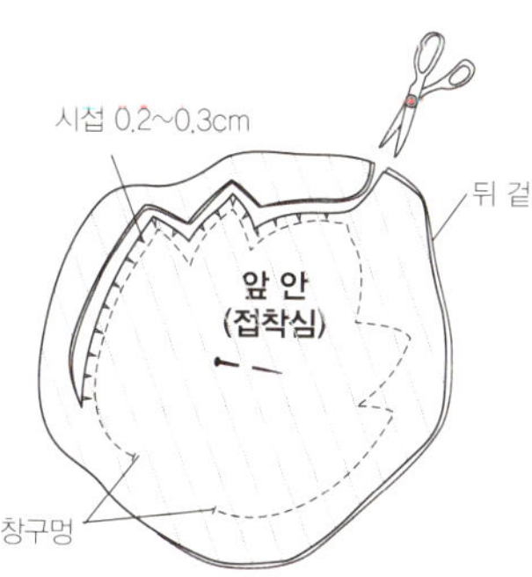

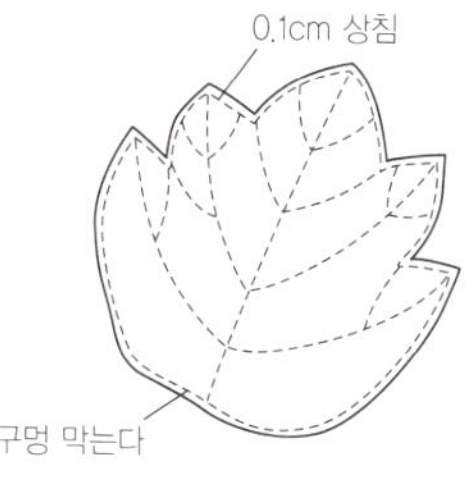

먹지를 이용해 두꺼운 종이에 잎사귀를 베껴서 오린다. 잎사귀 만들 천 앞뒤 2장 중 1장에만 얇은 접착심을 붙이고, 접착심을 붙인 쪽에 도안을 대고 잎을 그린다.

앞뒤 천의 겉끼리 맞닿게 겹쳐놓고, 시침핀으로 고정하여 바느질하기 좋게 충분히 여분을 주어 잎을 오린다. 그 도안선을 따라 창구멍만 남기고 미싱한다. 시접은 0.2~0.3cm 정도 남기고 잘라낸다. 시접의 곡선이나 각진 부분에 가윗밥을 넣고 창구멍으로 뒤집는다.

뾰족한 것으로 잎 끝을 쑤셔 모양을 잘 살려 다림질하고, 가장자리를 따라 0.1cm 상침한다. 수성펜으로 잎맥을 그려 선을 따라 상침하여 잎맥을 표현한다.

03

포도송이와 홑겹 잎들은 시접에 가윗밥을 넣어 깔끔하게 안으로 넣어 균형 있게 몸판에 박아주고, 원단보다
드러나는 색의 실로 잎맥을 표현한다(미싱의 직선박기). 포도알은 검정 자수실로 러닝 스티치하여 표현한다.
비즈로 물방울을 표현한다.

04

견반과 안감을 연결하고 안감에 속주머니를 단다.

05

공간을 만들기 위해 다트를 박는다. 다트는 중앙을 향해 꺾어 다림질한다.

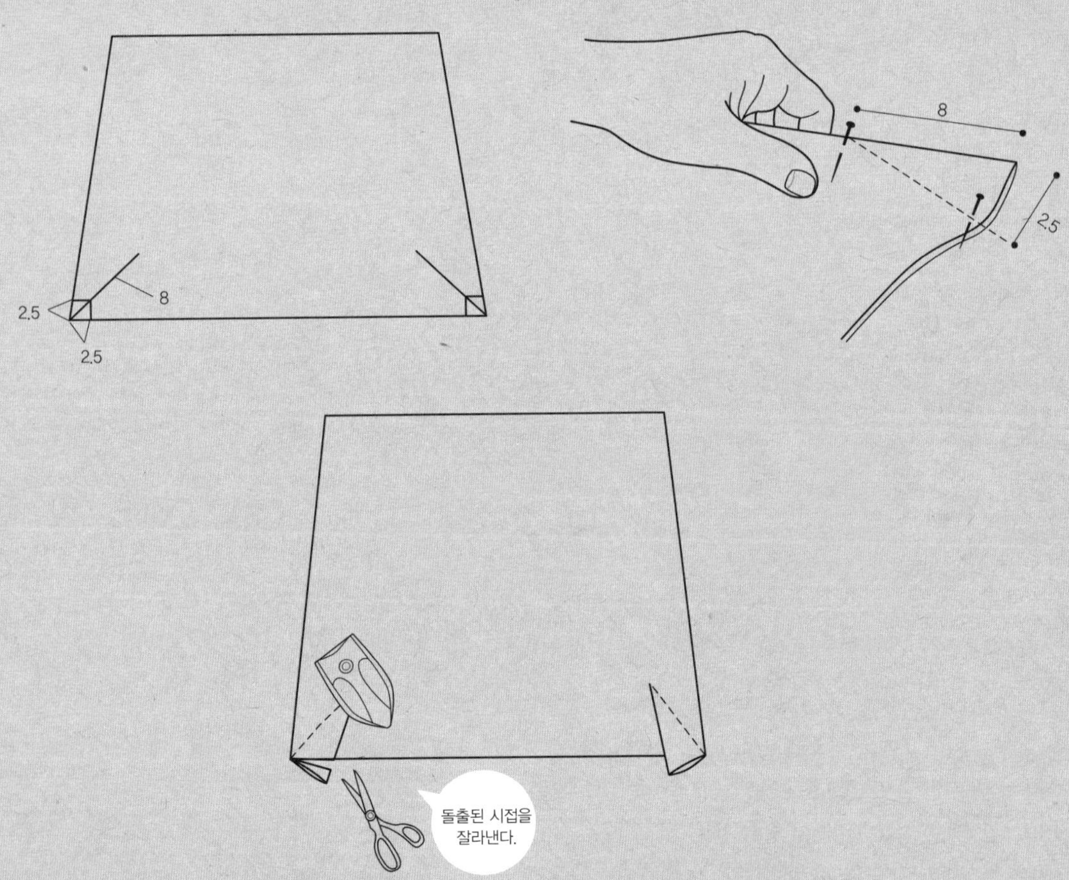

06

몸판의 겉과 겉을 맞대고(밑변의 다트가 일치하도록) 옆과 아래를 박는다. 안감은 창구멍 남기고 마찬가지로
한다.

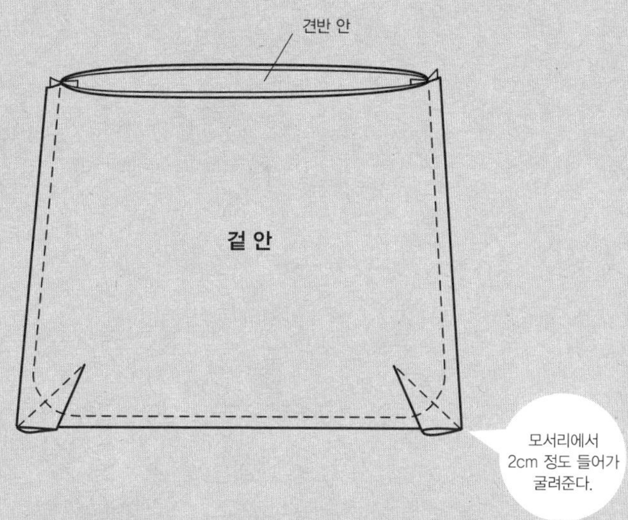

07

겉통과 속통의 겉끼리 맞대고 핸들의 위치를 잡아 입구를 박는다. 창구멍으로 뒤집어 입구를 다림질로 정돈
하고 0.1cm 상침한다. 입체 잎사귀는 가방 입구보다 살짝 올라오게 손바느질로 단다.

08

창구멍을 통해 마그네틱 단추를 달고, 창구멍을 막아 완성한다.

재료

주트마 1마, 빨간 깅엄 체크 리넨 1마. 얇은 접착심 1마, 4온스 퀼트솜 30 x 16cm, 아플리케용 천(빨간색, 흰색, 초록색 천 약간씩), 씨앗용 검정 비즈 20개, 카멜색 가죽 끈 2.5cm 폭 1set, 가죽 스냅단추 1set, 두꺼운 종이, 먹지, 트레싱지

재단하기   전체 시접 1cm 포함된 치수

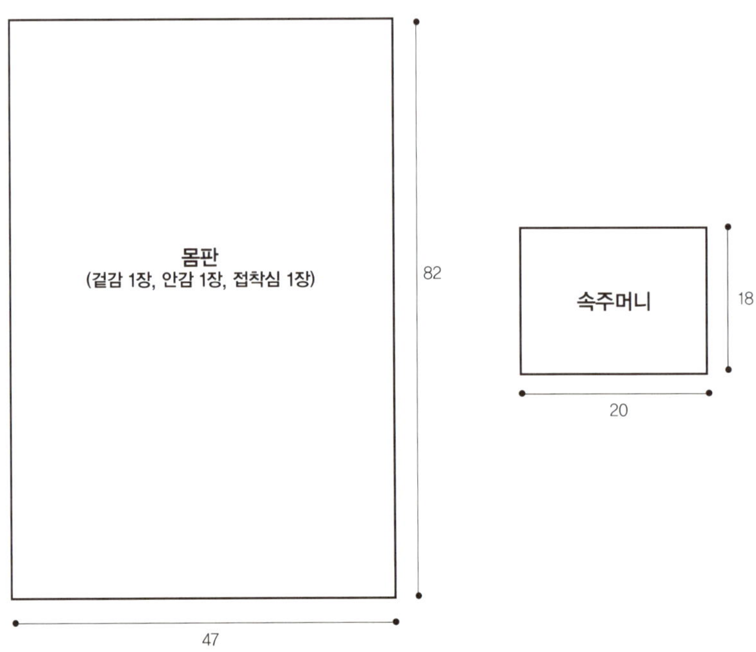

01

주트마 한쪽 면에 접착심을 붙이고, 안감의 안쪽에
는 그림과 같이 바닥용 솜을 박는다.

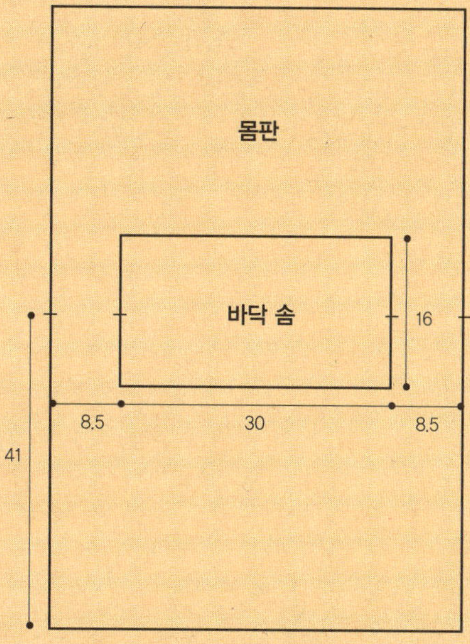

02

먼지를 이용하여 두꺼운 종이에 빨강, 하양, 초록색 각 부분에 해당하는 도안을 베껴서 오린다. 이 도안을 각 색
천에 대고 그린 다음 시접을 남기고 오린다(뒷면 도안의 이빨자국은 시접 없이 오린다).
도안이 놓일 위치를 정하고 초록색 천 위에 흰색, 그 위에 빨간색 패치를 놓아 시침핀으로 고정하여 박는다.

a

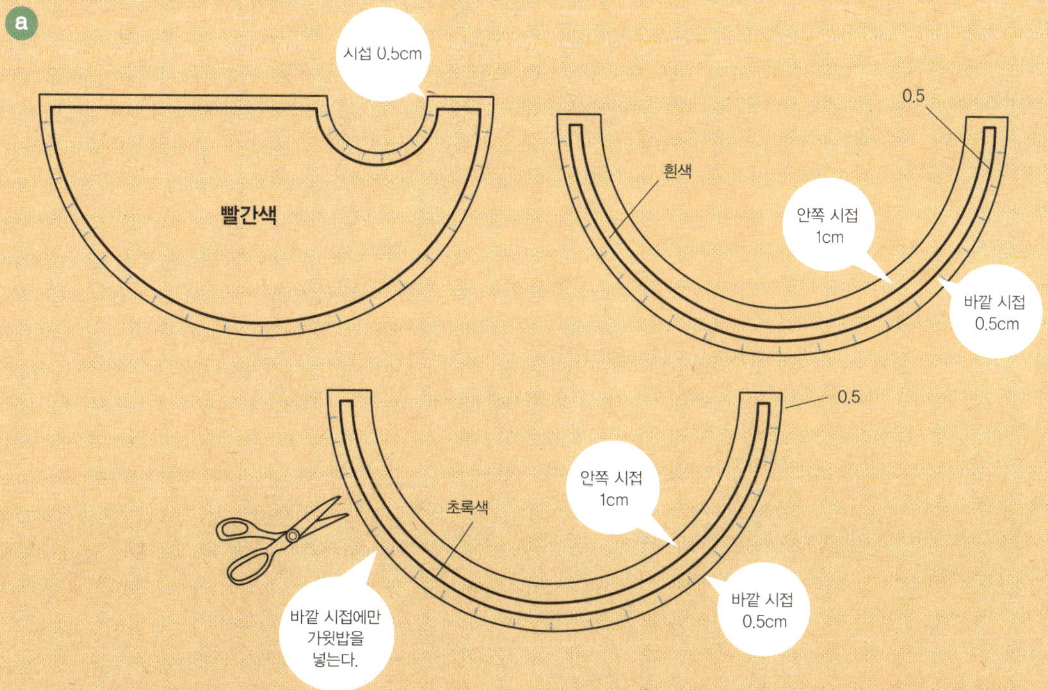

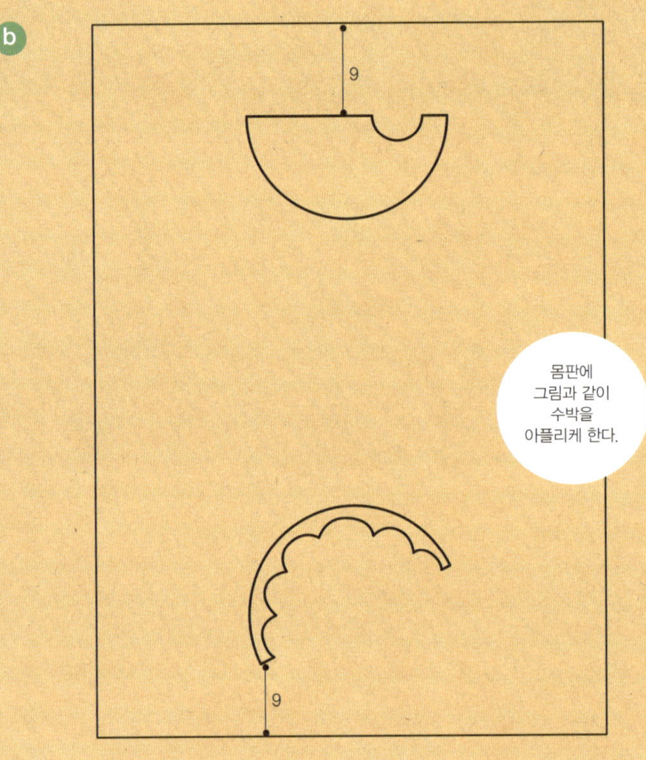

9
9
몸판에
그림과 같이
수박을
아플리케 한다.

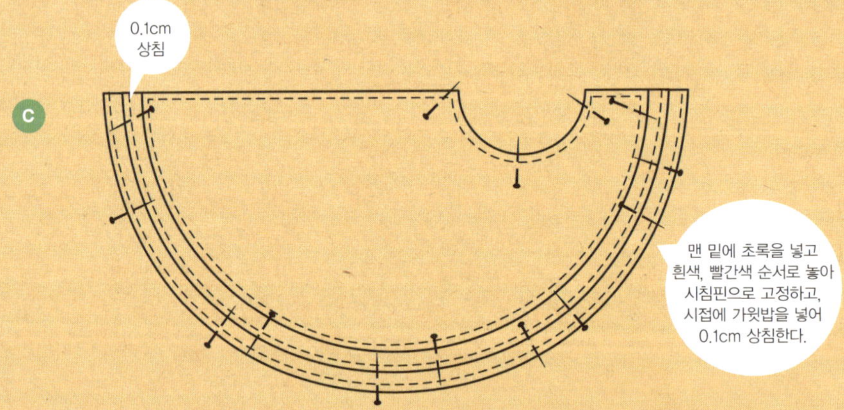

0.1cm
상침
맨 밑에 초록을 넣고
흰색, 빨간색 순서로 놓아
시침핀으로 고정하고,
시접에 가윗밥을 넣어
0.1cm 상침한다.

이빨 자국은
시접을 두지 말고
잘라 미싱의
단춧구멍 스티치로
박는다.

손바느질로 수박씨 배열을 따라 비즈를 달아준다. 뱉어 놓은 씨는 자유롭게 바닥에 배치한다.

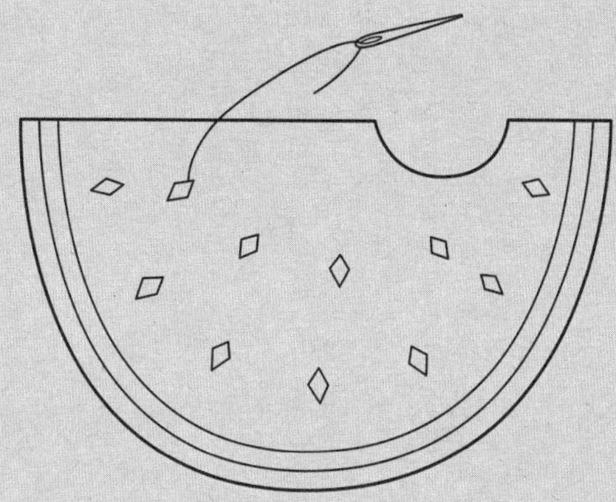

04

겉감 몸판의 겉끼리 맞닿도록 반으로 접어 양옆을 1cm 시접으로 박은 다음, 모서리를 접어 박아 바닥을 만들어 준다. 안감 몸판도 주머니를 달아주고 옆선 한쪽에 창구멍을 남기고 같은 방법으로 처리한다. (152쪽, 체리 5번 그림 참조)

05

겉통과 속통의 겉끼리 맞닿도록 끼워서 핸들을 끼우고 입구를 1cm 시접으로 박아 창구멍으로 뒤집은 후, 다림질로 입구를 정돈하여 0.1cm 상침한다.

06

가죽 스냅단추를 달고 창구멍을 막아 완성한다.

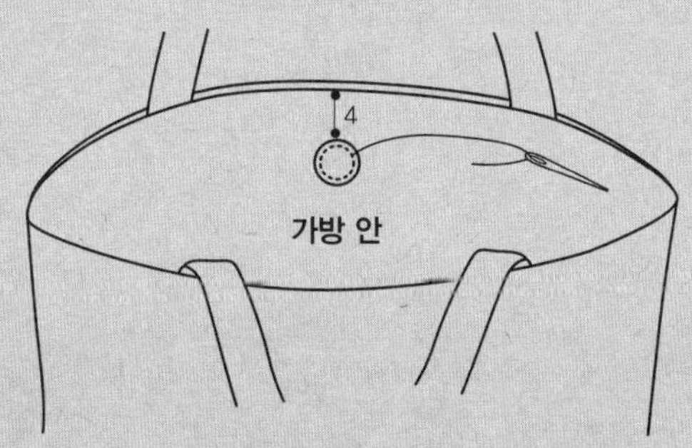

석류

재료

카멜색 코팅 리넨 2분의 1마, 두꺼운 접착심 2분의 1마, 안감 2분의 1마, 아플리케용 천(석류-빨간색 리넨 약간 / 흰색 약간, 초록색 약간) 빨간색 8mm 비즈 30개, 수실-갈색, 연노란색, 짙은 초록색 약간씩, 폭 2cm 길이 70cm 갈색 핸들 1개, 2온스 솜 3×3cm 2장, 바닥용 4온스 솜 28×12cm 1장, 먹지, 두꺼운 종이

재단하기 전체 시접 1cm 포함된 치수

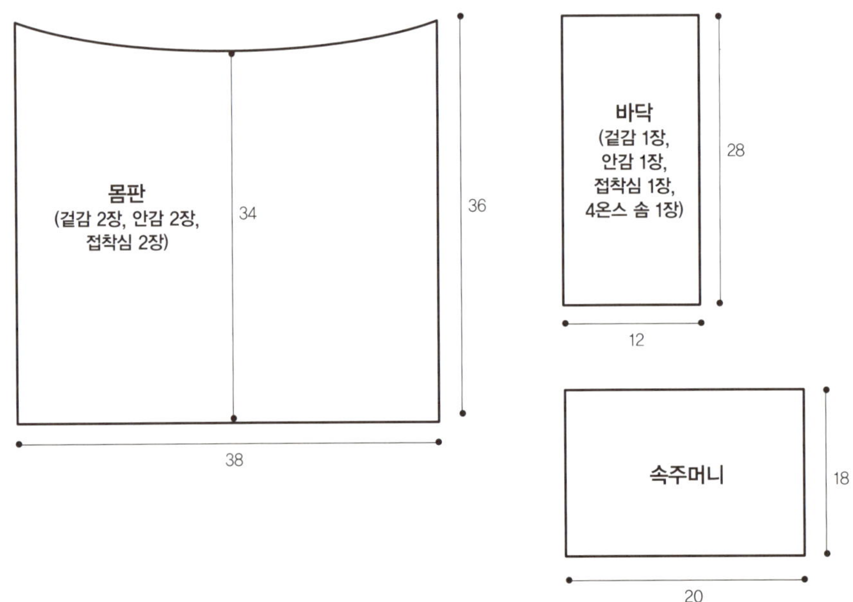

01

겉감 몸판과 바닥 안쪽에 접착심을 붙인다.

02

먹지를 이용해 두꺼운 종이에 도안을 베끼고 오린다. 이것을 아플리케용 천에 대고 수정펜으로 아우트라인을 그리고 시접 0.3cm를 남기고 오린다. 시접에는 가윗밥을 넣는다. 도안대로 오린 석류를 균형 있게 배치하여 아플리케한다. 뒷면 입구에도 석류와 잎을 아플리케한다. 비즈로 석류 속을 표현하고, 수실로 꼭지와 잎맥 등을 표현한다.

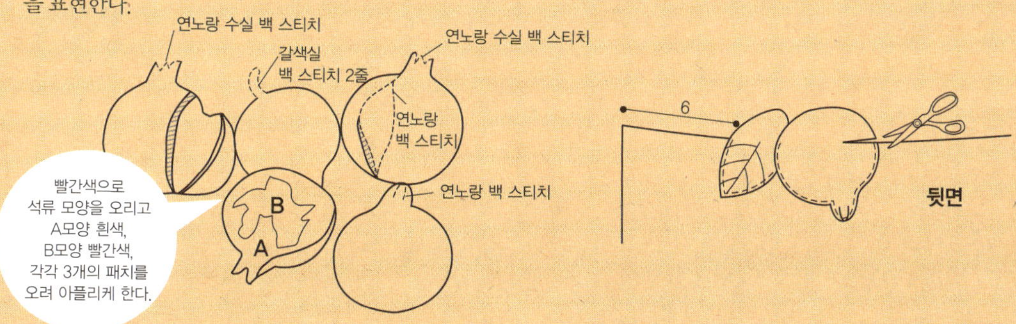

03

겉감의 겉끼리 맞대고 양옆을 1cm 시접으로 박고 가름솔로 다림질한 다음, 바닥을 연결한다. 안감은 속주머니를 달고 바닥 안감 뒷면에는 4온스 솜을 박아 고정한 뒤, 창구멍 남기고 마찬가지로 속통을 만든다.

04

창구멍으로 뒤집어서 입구를 정돈하여 다림질하고, 0.1cm 상침한다. 창구멍을 통해 마그네틱 단추와 핸들을 달아주고, 창구멍을 막아 완성한다.

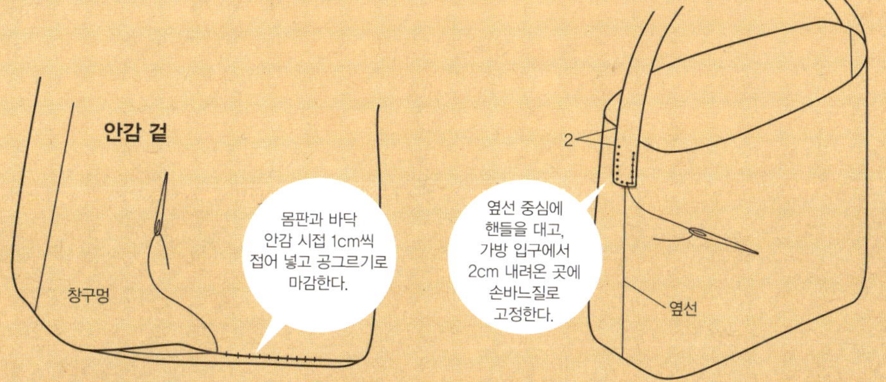

빵

재료

카키 베이지색 캔버스 천 2분의 1마, 짙은 갈색 코팅 리넨 약간, 두꺼운 접착심 2분의 1마, 안감 2분의 1마, 바닥용 4온스 솜 약간, 50cm 고리 없는 지퍼 1개, 나무 참 1개, 지름 5mm 단추 60~70개 정도, 폭 1cm 갈색 가죽 끈 10cm, 52cm 가죽 핸들 1set

재단하기 전체 시접 1cm 포함된 치수

겉감·접착심·안감

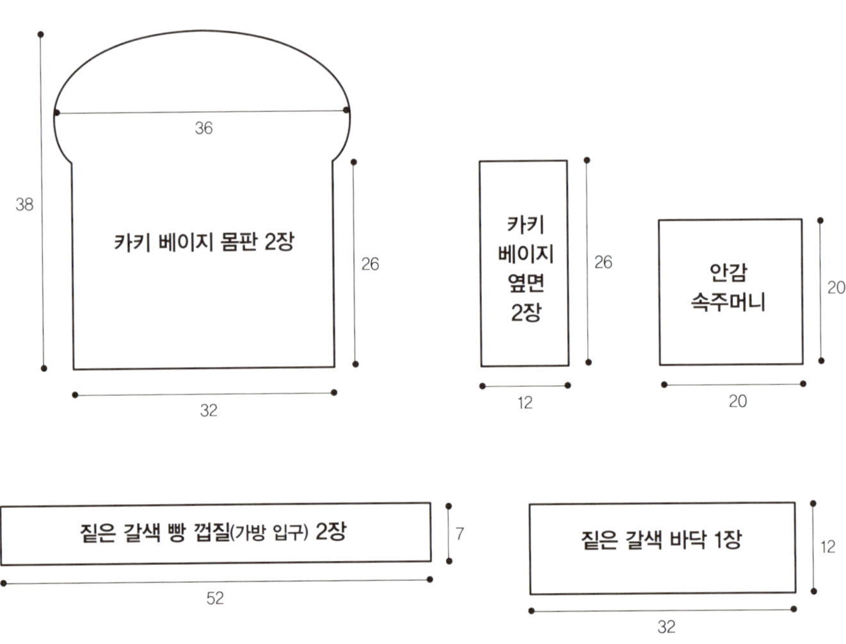

01

겉감 몸판, 옆면, 빵 껍질, 바닥에 접착심을 붙이고, 앞 몸판에 수성펜으로 Bread라
고 글자를 쓰고 단추로 장식한다.

02

빵 껍질 부분(지퍼)을 만든다. 지퍼 겉에 짙은 갈색천 겉을 맞대고 시접 1cm로 박고
나머지 한쪽도 박아 펼쳐 다림질하고 각각 0.1cm 상침한다.

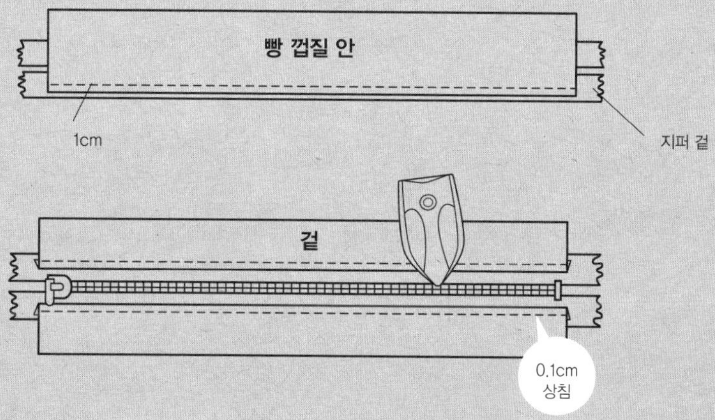

03

2의 겉과 옆면의 겉을 맞대고 연결한다. 옆면은 아래로 꺾어 다림질한다.

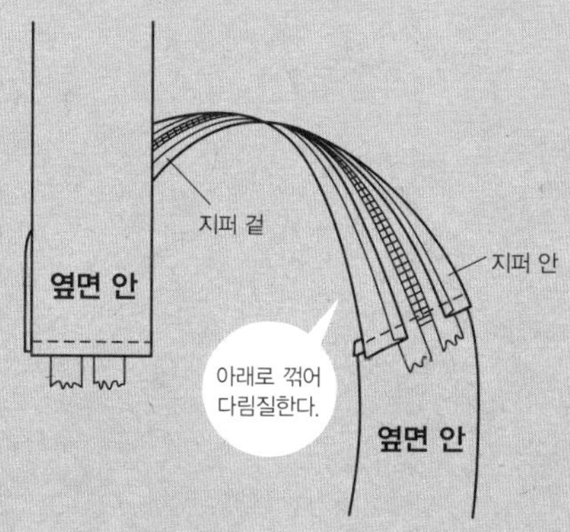

04

핸들의 위치를 정해서 핸들을 끼우고 3번의 겉과 앞
뒤 몸판의 겉을 맞대고 미싱으로 연결한다.

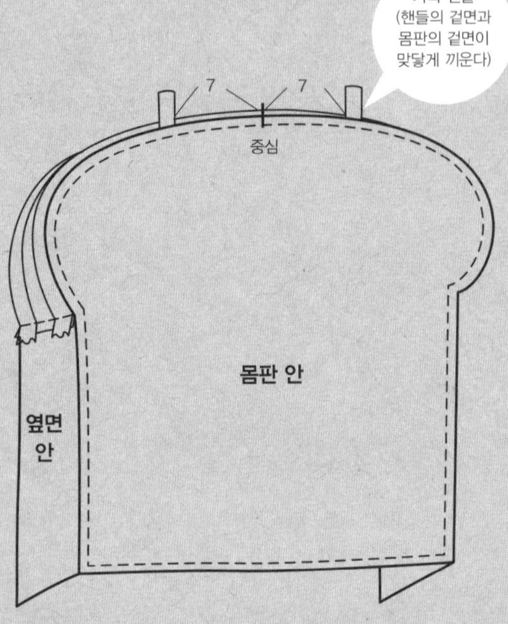

05

4번의 지퍼를 열어 놓은 상태로 겉통의 겉과 바닥의 겉을 맞대고 미싱으로 연결한다.

06

바닥 안감의 안쪽에 4온스 솜을 박아 고정하고, 몸판 안감에 주머니를 만들어 준다.

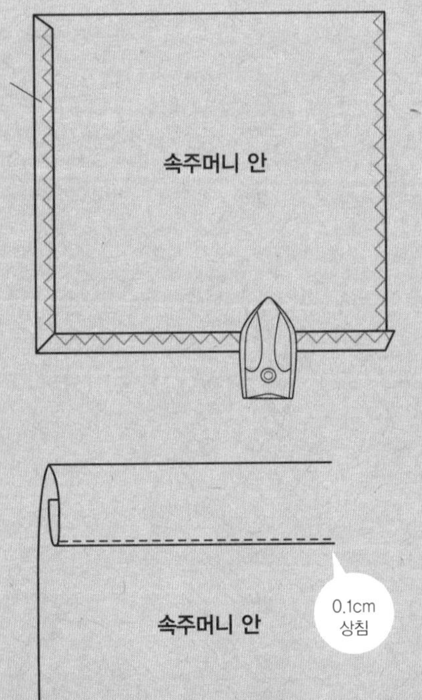

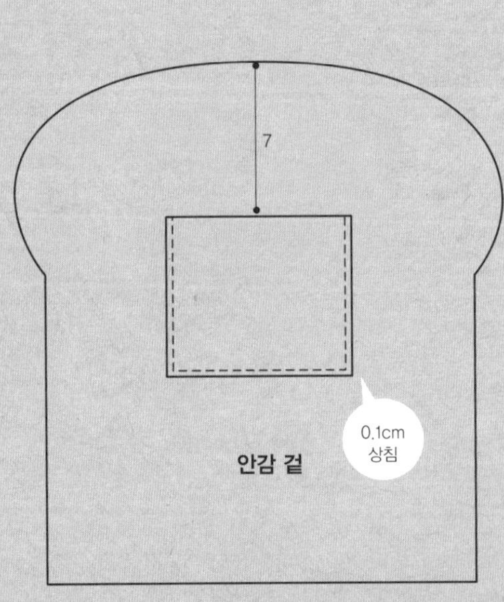

07

2, 3, 4, 5번과 같은 방법으로 안감을 연결하여 속통을 만든다. 단, 지퍼 쪽 안감은 지퍼와 연결하지 않고 시접 1cm를 안쪽으로 접어 다림질해 놓는다.

08

겉통의 안과 속통의 안이 맞닿도록 끼워서 지퍼 안쪽에 안감을 반박음질로 고정한다. 안감이 늘어 지지 않도록 겉통의 시접 부분에 안감을 시침질하여 고정해 준다.

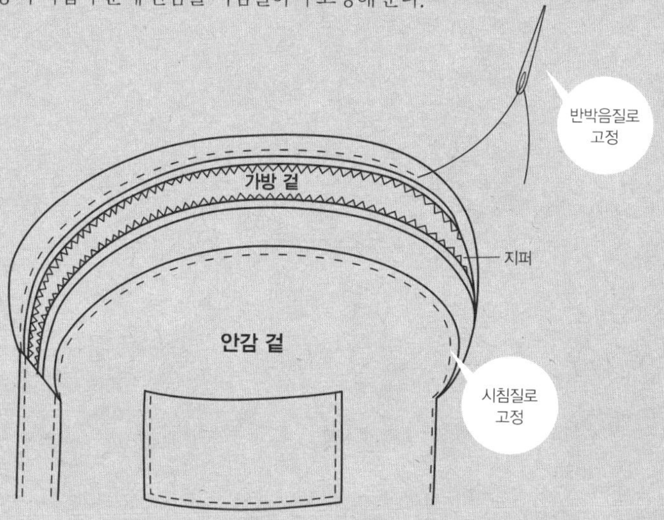

09

지퍼 고리에 장식용 참을 달아준다. 가죽끈은 5cm 길이로 나눠서 반을 접어 지퍼 양끝에 달아주면 완성!

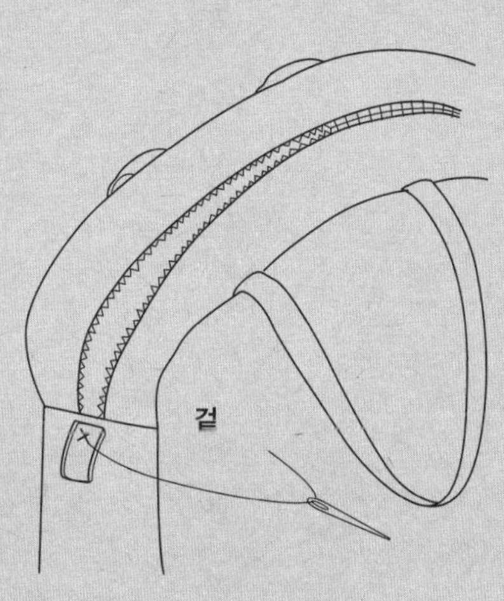

모노톤 패치

재료

흑백 무늬 리넨 약간, 짙은 회색 모직과 옅은 회색 모직 약간, 메탈릭 가공 리넨 약간, 검정 리넨(견반용) 약간, 안감 2분의 1마, 의류용 접착심 2분의 1마, 바닥용 4온스 솜 30×8cm, 마그네틱 단추 1set, 2온스 솜 3×3cm 2장, 검정 콘실 지퍼 25cm 1개, 백합꽃 레이스 1개, 검정 가죽 핸들 1set

재단하기 몸판의 모든 패치는 사방 1cm 시접을 더해서 재단한다.

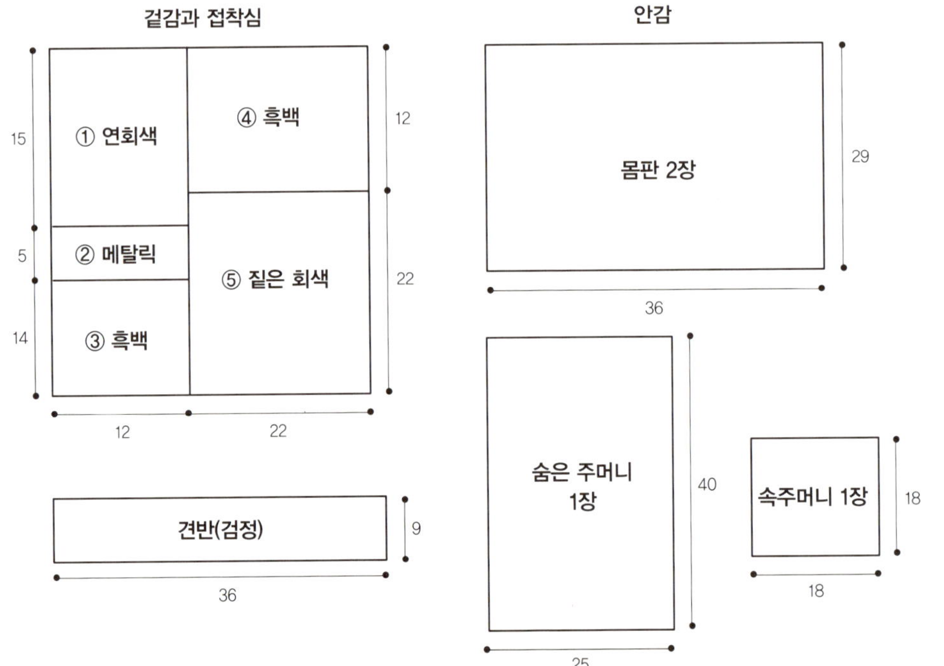

01

겉감의 모든 패치와 견반에 접착심을 붙인다.

02

각 패치를 1cm 시접을 접고 연결하여 앞판을 만든다. 뒤판은 앞판과 좌우대칭 되도록 배치하여 연결한다.

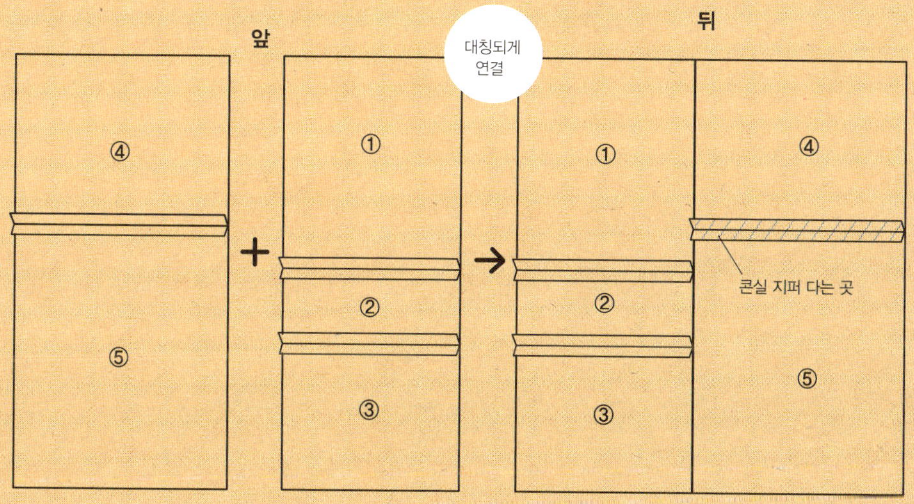

03

4번 패치와 5번 패치를 연결할 때 a~c의 순서대로 콘실 지퍼를 단다.

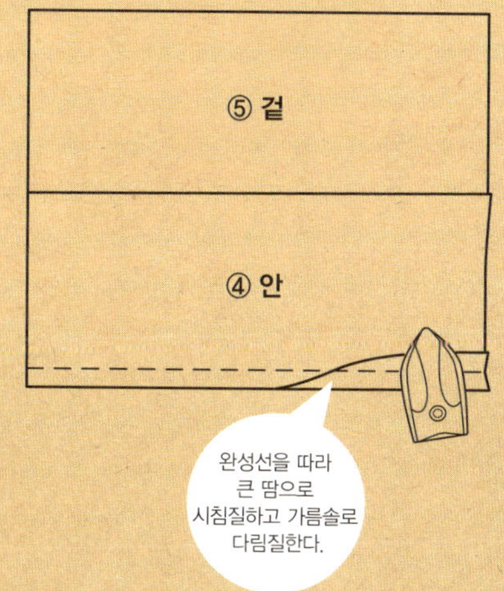

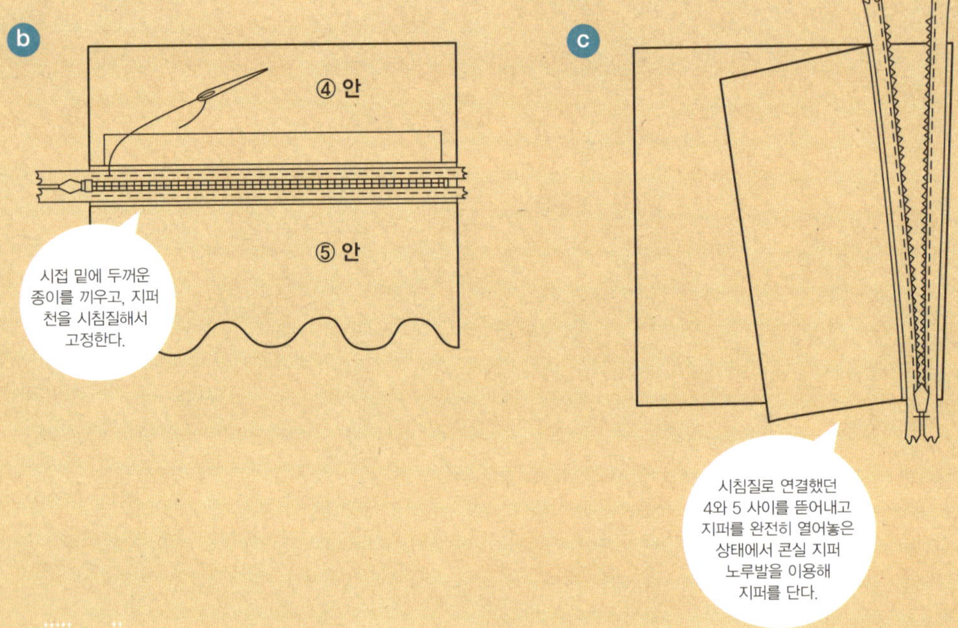

04

앞판 짙은 회색 모직 부분에 레이스를 단다. 레이스를 시침핀으로 고정하고 가장자리의 두꺼운 테두리 부분을 따라 조심스럽게 박는다.

05

견반의 겉과 안감의 겉을 맞대고 시접 1cm로 박아 연결하고, 속주머니를 만들어 단다. 앞 안감과 뒤 안감의 겉끼리 맞대고 밑변을 박아 가름솔로 다림질하고, 바닥용 4온스 솜을 안감 뒷면에 박아 고정한다.
겉과 겉을 맞대고 옆선을 박아 가름솔로 다림질한다. 이때 한쪽 옆선에는 창구멍을 남긴다. 모서리를 박아 바닥과 옆통을 만든다.

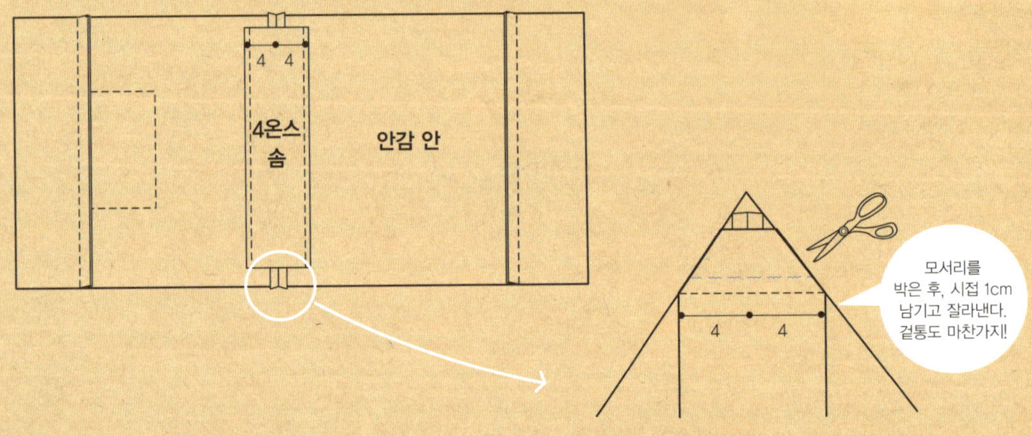

06

겉감의 겉끼리 맞대고 밑변을 박아 가름솔로 다림질하고 옆선도 박아 가름솔한다. 옆선을 박을 때, 콘실 지퍼를 살짝 열어놓은 상태로 박는 것을 잊지 말 것! 안쪽에 주머니를 만들어 주고(139쪽, 여행 가방 2번 뒷주머니 만드는 법 참조), 모서리를 박아 바닥을 만든다.

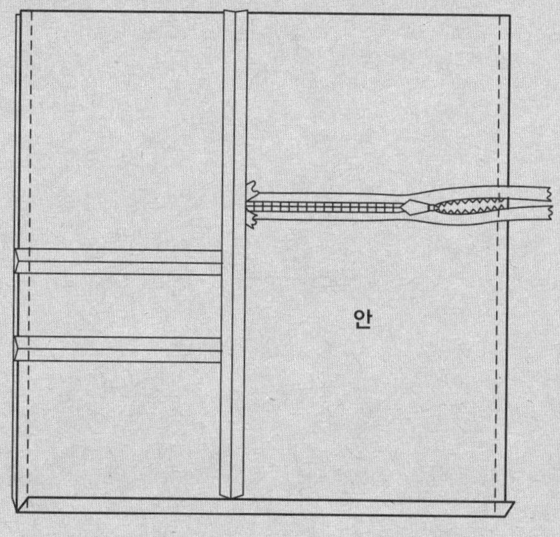

07

겉봉과 속통의 겉끼리 맛대고 끼워놓고 헨들의 위치를 표시한다. 핸들의 싣과 싣봉의 겉이 맞닿게 끼워놓고 입구를 박는다. 창구멍을 통해 뒤집어 입구를 다림질로 정돈하고 0.1cm 상침한다.

08

창구멍을 통해 마그네틱 단추를 달고, 창구멍을 막아 완성한다.

홍창미의 **스토리 백**

초판 1쇄 인쇄 2011년 9월 23일
초판 1쇄 발행 2011년 9월 27일

지은이 홍창미

발행인 승영란, 김태진

기획편집 〈2nd 키친〉 김옥영
디자인 유혜영
사진 김영진
일러스트 이정욱

마케팅 함송이
경영지원 강소연

찍은곳 애드샵
펴낸곳 에디터

주소 서울 마포구 공덕동 105–219 정화빌딩 3층
문의 02–753–2700, 2778
팩스 02–753–2779
등록 1991년 6월 18일 제 313–1991–74호

값 18,000원

ISBN 978–89–92037–85–3   13590